釀酒

2

薑酒、肉桂酒、茶酒、馬告酒、
竹釀酒，蒸餾酒與浸泡酒基礎篇

Contents

Chapter 1 蒸餾酒

008 蒸餾酒的基本認識
009 蒸餾的起源
012 蒸餾設備的種類
013 蒸餾設備的各部名稱
015 蒸餾操作理論
015 蒸餾作業流程
016 蒸餾操作技巧
019 台灣民間蒸餾實務
023 蒸餾實際操作步驟
030 酒精蒸餾場所安全注意事項
031 蒸餾酒的種類
031 台灣的蒸餾酒概況
032 大陸的蒸餾酒概
036 外國的蒸餾酒概況
057 蒸餾酒的酒精度
062 蒸餾酒的存放
063 蒸餾設備介紹
　　傳統天鍋型蒸餾器
　　直管式不鏽鋼 2 斗或 5 斗加高四件單層製酒蒸餾機
　　直管式不鏽鋼 5 斗四件雙層製酒蒸餾機
075 家庭簡易鍋具蒸餾法
　　利用鍋、碗、盆的方法
　　利用笛音壺的方法
078 蒸餾操作技巧
078 含鹽料理米酒簡易除鹽法

079　何謂串蒸酒與串蒸酒的處理方法
080　米酒
087　高粱酒
094　薑酒
102　肉桂酒
109　馬告酒
114　刺蔥酒（鳥不踏酒）
120　台灣液態發酵五糧液（清香型）
125　蒸餾酒的問題處理

184　五葉松酒
188　橄欖酒
192　威士忌
196　白蘭地
201　竹釀酒
204　蒜頭酒
208　洋蔥紅酒
212　牛樟芝酒

Chapter 2　再製酒（單味浸泡酒）

131　再製酒（浸泡酒）的種類與基本製作原則
136　梅子酒
142　李子酒
146　洛神花酒
150　桑椹酒
154　檸檬酒
158　黑豆酒
162　刺蔥酒（鳥不踏酒）
166　牛蒡酒
170　人參酒
174　羊奶頭酒（牛奶埔酒）
178　茶酒

Chapter 3　再製酒（複合味浸泡酒）

216　藥酒概念
217　藥的種類
218　藥的製備方法
224　客家藥酒
228　菊花酒
233　八珍酒
236　十全大補酒
240　延齡酒

Appendix　附錄

245　台灣目前相關的釀酒法規

　　自 2015 年 11 月出版《釀酒》的釀造酒篇後，12 月份我也依承諾，在桃園自己的「幸福傳承手作教室」分享六場次的新書回饋課程，反應非常踴躍，有來自全省各地的一百多位讀者參與，認真的程度出乎我意料，尤其看到多位讀者同時購買我出版過的五本相關書籍，從第一本到第五本相隔十四年，而且第一本再版兩次後就因為想要更新內容與做法而不再版，讀者的有心程度令我感動。在「幸福文化出版社」梁淑玲主編的催促下，及為了紀念先父的教養之恩，讓我盡快完成《釀酒 2》的蒸餾酒及浸泡酒篇，讓有緣的讀者有完整實用的釀酒常識及實作基礎可參考。

　　《釀酒 2》主要是介紹蒸餾酒及浸泡酒兩大部分，其實這就是一般釀造酒的升級與應用。釀完酒之後若要更有特色，或要能保存得更久而不壞，就必須藉重蒸餾技術來提高酒精度並去除雜質。若要製出好喝或有特色的酒也必須藉重再製與調合，呈現出酒的多樣化。本書主要著重在釀酒入門，適用於家庭釀酒及小型酒廠的釀酒和製酒，若讀者有能力和有興趣投資大酒廠時，以此放大，相信人才、技術、設備皆會隨著資金到位。目前網路雖然發達，各種釀酒知識及法令仍需要紙本對照參閱，寧可備而不用而不可不知，所以此次我在附錄中明細列出台灣目前相關的釀酒法規，提供有心要設廠或已設廠的人員作參考，畢竟菸酒管理法的罰則相當重，不要因小失大，真正需要時，也要隨時上財政部國庫署的菸酒管理網站去更新。

另外，書中介紹國外威的士忌及其他知名的代表性酒，並非本書的重點，我認為釀酒始終會受限於原料的取得與區域性口味的影響，雖有研究，但不專精，故國外酒類的介紹部份，是我多年前參考別人的資料整理保存下來的，已忘了出處及相關作者。這部分整理得很好也很精要，適合讀者參考，一併分享給大家，在此對相關作者的貢獻致上最高敬意。

　　其他有關釀酒、釀醋、釀漬果醬、米豆麴應用及中式米食、麵食、食品加工及生活應用等資訊，可直接上〈釀造家族網站 http://today.org.tw 〉查詢或留言指教，我們非常樂意為同好服務，除了辦理政府委託的職業訓練課程外，也有自辦課程，公布於網站，歡迎大家多利用。

　　本書編印期間，承蒙古麗麗、朱雲財、蘇介亮同事的協助，特此謹致最大之謝意。本書雖審慎編寫，難免有所疏漏，尚祈各界先進不吝指正賜教。

徐茂揮

於 60 歲生日 2015.04.01

Chapter 1

蒸餾酒

所謂蒸餾酒，在我國的菸酒管理法施行細則中就有詳細定義規範。也就是以水果、糧穀類及其他含澱粉或糖分之農產品為原料，經糖化或不經糖化，發酵後，再經蒸餾而得之下列含酒精飲料：

白蘭地：以水果為原料，經發酵、蒸餾、貯存於木桶 6 個月以上，其酒精成分不低於 36 度（％（v／v））之蒸餾酒。

威士忌：以穀類為原料，經糖化、發酵、蒸餾，貯存於木桶 2 年以上，其酒精成分不低於 40 度（％（v／v））之蒸餾酒。

白酒：以糧穀類為主要原料，採用各種麴類或酵素及酵母等糖化發酵劑，經糖化、發酵、蒸餾、熟成、勾兌、調和而製成之蒸餾酒。

米酒：以米類為原料，採用酒麴或酵素，經液化、糖化、發酵及蒸餾而製成之蒸餾酒。

其他蒸餾酒：前四目以外之蒸餾酒。

另外也有專家學者提出水果蒸餾酒的定義，採用水果果實或果汁為主原料，經酒精發酵、蒸餾、熟成、勾兌、調和，或利用自行發酵之任何蒸餾酒浸漬處理，使其具有水果風味後，再經蒸餾，且未使用或添加食用酒精所製成的酒精濃度 20 度（％（v／v））以上之酒品。

採浸漬法之水果酒，其製成每 40L（換算成 100 度（％（v／v））酒精濃度之酒品，其水果果實原料需佔 100 kg 以上）。

蒸餾酒的基本認識

如果把一個冰涼的飯碗覆蓋在燒開的茶壺口上，水氣就會附著在碗裏，因冷凝成為水滴滴下來。蒸餾基本上就是將這種原理反覆運用而已，因為將各種混合液體或已發酵好的酒醪加熱以後，液體中沸點較低的成分就會先蒸發成氣體，遇冷則冷凝成液體，這就是蒸餾的最簡單原理。

一般人會將蒸餾與蒸發的過程與結果混淆，其實蒸餾與蒸發是不同的操作原理。蒸餾的對象中所有成分皆具揮發性，而蒸發旳對象中溶質不具揮發性。蒸餾是化學及石油工業中，最常使用的分離操作。

蒸餾操作的目的，為提純或分離。蒸發操作目的，在獲得不同蒸發物，其用意在濃縮。

故蒸餾與蒸發的比較：

相似處： 兩者都是對液體進行加熱，使其中沸點較低的成分汽化，達到分離的目的。

相異處： 蒸餾目的，在獲得各種不同沸點的蒸出物，其用意在分離；蒸發目的，在獲得不同蒸發物，其用意在濃縮。

蒸餾裝置的目的，是將一個容器中的某一成分，利用蒸發和冷凝的過程將其分離出來，以達到純化該物質的結果。

總之，當液體混合物加熱至沸騰時，利用各成分不同的沸點（揮發

性），在氣、液兩相濃度也不相同的原理下，而達到分離的目的，稱為蒸餾，也就是說蒸餾原理是依物質中，氣、液兩相平衡的關係而進行，當揮發性物質達到沸點時，氣相中的濃度比液相中還高，這些揮發性物質在冷凝器中遇冷又凝結成液體，如此不斷的進行加溫和冷卻的物質交換，使酒液中處於臨界溫度之成分逐漸被蒸餾出來，而達到純化酒液、提高酒精濃度的目的。

另外由經驗實證得知，白酒（蒸餾酒）的產生首先必須依賴蒸餾技術的發展，有了蒸餾技術後才有白酒，蒸餾是白酒的重要生產步驟，其主要任務是要把發酵生成的酒精及香味成分有效的提取出來，並加以分離濃縮，同時也起到酒醅殺菌、原料糊化、加溫熱變的作用。發酵酒醅有濃郁的香氣，但經蒸餾後，白酒與酒醅的香氣完全不同，因為有些對熱不安定的成分，經加熱變質後生成另一種香味，使得香味成分經加熱而重新組合。

至於蒸餾酒的好處，一般歸納出幾點：1. 增加酒的不同層次的香氣。2. 純化酒的內容物。3. 提高酒的酒精度。4. 節省倉儲及運輸成本。5. 減少酒的損失。

蒸餾的起源

蒸餾是十分古老的技術，蒸餾酒何時出現於人類之生活中，已無可考。

在西方，最初的記載始於中世紀之後，大約在西元前二千年的埃及。一般認為蒸餾酒技術乃源自阿拉伯的煉金術。英語系國家將舊式蒸餾器稱之為 Alembick，即來自阿拉伯煉金過程中所使用的淨化器名稱。

故有下列幾種蒸餾之説法可供參考：

‧西元 1711 年，阿拉伯民族佔領西班牙時，把煉金術帶入歐洲，當時的歐洲人稱烈酒為 Aquavitae，意謂「生命水」。

‧中世紀中，最早以煉金術研究蒸餾方法的是蒙伯利爾大學的阿諾‧維拉諾瓦及其學生雷間多‧盧利歐。1800 年亞當發明精餾法，即再一次蒸餾以去除更多的雜質。

‧Aquavitae 除了在歐洲大陸外，同時也出現在愛爾蘭，但名稱改為當地話（Uisgeleatha），乃大麥啤酒之蒸餾液之意，這也就是威士忌的始祖。

‧美國的威士忌始於 18 世紀，早期多以蒸餾裸麥及大麥為主，後來，酒廠從賓州西移至肯塔基州的波本鎮生根，開始混入玉米製造，並以地名命名，稱為「波本威士忌」。

　　而在中國，大約在西元三千年前有使用蒸餾器的紀錄可尋。關於中國古代蒸餾器的產生與演進眾說紛紜，據 1981 年上海市博物館館長馬承源先生提出的漢代青銅蒸酒器的考查和實驗論文中提到，東漢蒸餾器是由「釜」及冷凝蒸氣的「甑」兩大部分組成，故在中國有蒸餾始於東漢的說法。

　　中國是最早生產蒸餾酒的國家之一，蒸餾設備的演進，從出土的古物實體及書籍記載上得知，古時蒸餾器初期的冷卻方式都是利用空氣自然冷卻，也有許多學者認為蒸餾是受煉丹術的啟發或是由煉丹術發展而來。

　　唐、宋時已有燒酒的記載，運用於消毒殺菌，還用於解蛇毒。更指出

「燒酒不可以錫器盛炖」，因為錫器中含有大量的鉛，盛炖燒酒時會形成醋酸鉛（微甜），飲者往往不易察覺，遂導致鉛中毒。1975 年在河北省清龍縣出土的一套金代青銅蒸餾器，由此實物證明宋代即有蒸餾製酒。該青銅器分上、下兩個部分，上部為冷凝器，下部為大肚釜。釜上口沿周圍有導槽，並有流酒管，將槽中周圍的酒液導流於外。上部分的冷凝面呈拱形，其外為圓筒，筒下部有一流水管，是一個典型的壺式冷凝器，後來又稱為天鍋。由此可觀察出古代的空氣冷卻方式已改用水冷卻。

民國初年的蒸餾器中，冷凝用的天鍋，在大陸的南方與北方頗不相同。在北方大都採用加熱蒸餾法讓酒氣上升，並在圓錐拱形或半圓底部被冷凝成酒，順著卷狀壁，沿灶唇匯入酒桶，再注入盛酒器。而南方、西南方則採用天鍋為鍋底形冷凝器，冷凝的酒液由半圓弧形表面匯集於喇叭口，由管溝導入盛酒器。這兩種承襲幾百年的天鍋冷凝器，由於冷凝面積小，耗水量大，出酒液損失多，故目前已改善，加裝蛇管冷卻器或列管冷卻器，或兩種組合式的冷卻器，以增加出酒的冷卻效果。

蒸餾時酒氣上升，在圓錐拱形或半圓底部被冷凝成酒，順著卷狀壁，沿灶唇匯入酒桶。

天鍋為鍋頂形冷凝器，冷凝的酒液由半圓弧形表面匯集於喇叭口。

台灣早期的民間釀酒，大都採用此兩種天鍋之一的模式和原理來蒸餾酒，大部分酒廠則採用導氣直管式冷卻器來蒸餾。而五、六十年代大陸的白酒生產廠，則都已改用甄桶分體，採導氣直管式冷卻器。但目前大陸有規模的酒廠，則大部分將自動控制系統應用於蒸餾器上，對穩定品質量和提高出酒率、節約冷卻水都取得良好的效果。

蒸餾設備的種類

釀酒過程實際上不稱為「蒸餾」，而稱「分餾」。由於科學進步，設備材料先進，目前的蒸餾設備已達到科學精緻化，其精確度、規模與設廠，皆與投資財力相關，但其基本蒸餾原理是不變的。一般可分：

單一式（批式）蒸餾器：又稱為壺式或釜式蒸餾器——

將液體由加熱轉變成為氣體，再經由冷卻（一般製酒多採用水冷）使氣體轉變為液體滴下，此一過稱之為蒸餾。單一式蒸餾的酒其量較少也較慢，但比較高級的酒都採用單一式蒸餾，如蘇格蘭威士忌（ScoTchWhisky）。

連續式蒸餾器：又稱管式或塔式蒸餾器——

將液體放入一個相當大之蒸餾槽中，其蒸餾槽上有許多隔熱板（一層又一層），在蒸餾槽下加熱，使其液體轉變成為氣體上升，當氣體上升時，每到達一層隔熱板，其溫度就會下降，當溫度下降到一定時就會又轉變成為液體而落下，但當其氣體接近液體時，因高溫再次轉變成為氣體上升，如此反覆不斷的蒸餾過程稱為連續式蒸餾。連續式蒸餾之酒精濃度最高可達到 95 度，其產量相當大，生產相當的快，價格自然較便宜，如伏特加（Vodka）、萊姆酒（Rum）、龍舌蘭酒（Tequila）、威士忌（AmericanWhiskey）或一些便宜的白蘭地（Brandy），皆採用連續式蒸餾。

半連續式蒸餾器——

主要考量成本，以節省燃料。

真空蒸餾器——

用以降低沸點，保留風味為其特點。真空蒸餾是一種分離液體上方小於其蒸汽壓的蒸餾方法。這種方法適用於蒸氣壓大於環境壓力的液體。由於待分離液體沸點降低，真空蒸餾時不一定需要加熱。常用於煉油廠。

特殊蒸餾器——

從事醛類或雜醇油的脫除專業用途。

～ 蒸餾設備的各部名稱 ～

一般的蒸餾裝置的基本設備：有加熱裝置、裝料容器、氣庫及導管、冷凝冷卻裝置、冷卻用進出水管、回收裝置。

氣庫及導管

冷凝冷卻裝置

冷卻用進、出水管

回收裝置

早期蒸餾器的製造材料以黃銅或青銅為主，目前則以不鏽鋼材質為主。台灣民間目前仍可看到早期用鋁合金為材質之手工打造蒸餾器，主要在於材料好塑型、好彎曲，但不耐久用，現在絕大部分都採用不鏽鋼材質為主的蒸餾器。

鋁合金為材質之
手工打造蒸餾器

早期蒸餾器其製造材料以黃銅或青銅為主，
目前則以不鏽鋼材質為主。

蒸餾操作理論

蒸餾原理既然是依物質中的氣、液兩相平衡的關係而進行，當揮發性物質達到沸點時，氣相中的濃度比液相中還高，這些揮發性物質在冷凝器遇冷又凝結成液體，如此不斷的進行加溫、冷卻的物質交換，使酒液中處於臨界溫度之成分逐漸被蒸餾出來，而達到純化酒液、提高酒精濃度的目的。

故蒸餾操作理論，則是蒸餾酒藉著加熱，將酒中的各種複雜的物質，透過不同的沸點，使低沸點的成分較高沸點的成分容易被蒸餾出來，達到分離或提煉的目的。（在常壓條件下，水的沸點為 100℃，無水酒精的沸點為 78.4℃，甲醇的沸點為 63.5℃）

蒸餾作業流程

在台灣，一般採用一次蒸餾，在國外則一般採用多次蒸餾。第一次蒸餾稱初蒸，第二次以上稱為複蒸（或重蒸）。

第一次所蒸餾出來的酒液分三段收集（以酒精度來區分）。去除甲醇雜醇含量後，最先蒸餾出的高酒精度酒液稱為酒頭（第一段），酒精濃度約為 60 度；其次蒸餾出來的部分稱為酒心（第二段），酒精濃度為 30 度；最後蒸餾出來的蒸餾液，稱為酒尾（第三段），酒精濃度在 5 度以下。第一次蒸餾之目的是收集酒心，主要供第二次蒸餾用。酒頭及酒尾兩部分可合併留下，供下一槽蒸餾時混合再蒸餾，或勾兌用。

第二次蒸餾通常蒸餾出的酒液分四段收集。最先蒸餾出的稱為酒頭（第一段），酒精度可達 80 度，通常酒頭之收集量約為蒸餾酒醪之 1%。

第二段及第三段蒸餾出來的叫酒心，第二段酒心之酒精度約可到達 70 度，第三段酒心之酒精度約可達 30 度，國外通常將此段與下一槽合併再蒸餾。其酒心酒精度之取捨以 60 度做指標。最後蒸餾出的叫酒尾（第四段）。酒頭及酒尾兩部分可合併留下供下一槽蒸餾時混合再蒸餾之用。

國外的白蘭地蒸餾例子中，通常採二次蒸餾，進行第一次蒸餾時，是將酒精度大約 10 度的葡萄酒液進行蒸餾，蒸餾後的酒精度大約為 28 度，第二次蒸餾時，則將酒精度 28 度的酒液再蒸餾濃縮成酒精度 70 度的白蘭地。

蒸餾操作技巧

在蒸餾流酒過程中，嚴格控制蒸氣量，採取「大火煮滾，小火蒸餾」、「前緩後緊」、「用慢火蒸餾」。如果一直用大火蒸餾，不但出酒率低，並且嚴重影響產品品質，這是多年來中國各地酒廠實踐總結出來的經驗。

慢火與快火蒸餾，蒸餾的誤差亦很大。一般而言，慢火蒸餾的香味，己酸乙酯高於快火蒸餾；而快火由於乳酸乙酯的水溶性流出量大而影響品質。大火大氣致使甑內壓力和溫度增高，流酒過快，香味成分不能溶出，而且不該蒸入酒內的雜質卻被蒸入，造成糠味、酸味、雜味增加，並容易引起混濁。

火的加熱大小會直接影響蒸氣量，也就是蒸餾使用火候：

「前緩後急」則會產生粕少、味濃、色多，屬於較粗糙酒。

「前緩後緩」則出酒少、味甜、色濃、收率低。

「前急後緩」則酒純淡、少酸，屬精緻酒。

「前急後急」則味淡、辛辣、酒粕多。

　　台灣民間的蒸餾最常使用快速瓦斯爐，以瓦斯直接加熱；比較有規模的則是使用蒸氣設備做隔水加熱；較少用的是使用電力或熱媒油加熱，最傳統的直接用木、竹柴火加熱。不管那種方式都要遵守「大火煮滾，小火蒸餾」、「前緩後緊」的要領，才不至失敗或造成酒質產生霧霧混濁的現象。

台灣民間的蒸餾，
最常用的是使用快速瓦斯爐。

電子蒸餾設備
（汽冷式）

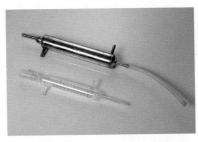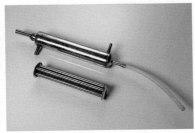

蒸餾常用的冷卻器

進冷水是從下方進入，從上方排出。

　　蒸餾的冷卻器，進冷水是從下方進入，從上方排出，如此一來冷凝管中一定會充滿了水，而且還可以水的上升速度來調節進冷水流量的大小。排水口要在上方，否則會讓冷凝管中的冷卻水的冷卻效果變差。因為水受熱膨脹會向上對流，而這時候水的出口如果在下面的話，就會使比較熱的水停留在冷凝管的上方，而冷水就直接流出出口了，故出水口在上方正好可將最熱的氣體急速冷卻，而因冷卻變成的溫熱水正好可在第一時間隨出水口而排出，如此一來，因酒醪加熱轉變成蒸氣的酒精又因此冷卻成酒，隨著冷卻管流下而越冷，完全變成酒液，而且酒的回收率會增加。

台灣民間蒸餾實務

　　目前台灣民間可合法釀酒及設酒廠才開放十多年，故各地對於釀酒蒸餾設備的製作或需求，仍屬於較少數及神秘的，互相交流與流通性遍及不足。大部分的農民或自釀酒者，皆以口耳相傳的方式購買蒸餾設備，無從選擇。蒸餾設備的好壞以安全實用為最重要，不要以美觀作考量。台灣目前流通的大部分蒸餾設備，總結可歸納成三種模式：第一型為傳統的 V 型天鍋冷凝器。第二型為傳統的倒 V 型天鍋冷凝器。第三型為現代的直管（列管）式冷凝器。

傳統 V 型
天鍋冷凝器

傳統倒 V 型
天鍋冷凝器

現代的直管（列管）
式冷凝器

　　當然蒸餾器的材質也大同小異，目前
絕大部分已採用不鏽鋼，只有少部分仍採
用傳統留下來的鋁製設備。蒸餾器大部分
的差異在於一次可蒸餾多少容量、酒的回
收率好不好、大小不一的方便性，或是蒸
餾器外觀是否實用精緻好看。我個人較重
視的是桶身與冷卻器的密合度、出酒口不
可太小，以及酒的回收管不可太靠近火源。

傳統的鋁製
天鍋設備

若依冷凝回收酒的效果來比較，目前是直管（列管）式冷凝器比蛇管式冷凝器好，蛇管式冷凝器又比 V 型的冷凝器效果好，而 V 型的冷凝器其效果又比倒 V 型的冷凝效果好。其原因在於，直管（列管）式冷凝器的內部排列有很多枝小直管，當含酒精的蒸氣從導氣管傳來後，即被自動分散到各小管中，小管的外面都佈滿冷凝水，流動的冷凝水很快就會將內管中含有酒精的蒸氣迅速冷卻成酒液，再流到底部集中後，從出酒口流出，故一般可以達到當時冷凝水之溫度就等於出酒時酒流出的溫度。

直管（列管）式冷凝器的內部排列有很多枝小直管。

　　傳統的 V 型天鍋，冷凝器設計在蒸鍋的上層，其上層外面盛裝冷水的面積較傳統的倒 V 型天鍋冷凝器多，接觸面較廣，內壁斜面較陡，收集冷凝酒液較快，且冷凝後所流下的酒液可迅速完全流入酒管，而不會在蒸鍋內再度被蒸發。

傳統 V 型天鍋

天鍋上層的
冷凝器設計

朝

傳統 V 型天鍋冷凝器上層
外面裝冷水的面積較傳統的
倒 V 型天鍋冷凝器多，接
觸面較廣，內壁斜面較陡。

冷凝後所流下的酒
液，可迅速完全流入
酒管。

　　而另一種傳統的倒 V 型天鍋冷凝器，其上層的裝冷水面積較少，
內壁斜面收集冷凝酒液較分散，且冷凝後所流下的酒液需從內鍋邊緣收
集，流動一圈再集中流入出酒管，當蒸氣冷凝成酒液後，在內鍋邊流動
時，很容易被鍋內高溫再度蒸發成氣體，較容易浪費燃料是其缺點。

傳統倒 V 型天鍋冷凝器上層的裝冷水面積較少，內壁斜面收集冷
凝酒液較分散，且冷凝後所流下的酒液需從內鍋邊緣收集。

在選擇採購蒸餾設備時，多參考做出好酒的專家所用的設備準沒
錯。以下將大多數台灣民間釀酒蒸餾的實際操作法加以敘述。有些人為
提高酒精度，或去除酒中混濁現象，做二次蒸餾動作，此種方式可依個
人或單位實際需要而定，不過操作原理皆相同。只是做二次蒸餾的酒精
度會較高較濃，一定要注意操作安全。收酒盛裝的容器一定要遠離火源，
也要特別注意室內的酒精殘留濃度。

蒸餾實際操作步驟
（以 23 台斤米為例）

1. 將 2 斗米（等於 23 台斤或等於 14 公斤）已發酵好的酒醪放入蒸
餾器鍋內（或依蒸餾器大小，適量的加入發酵好的酒醪料到八分滿就好。
加料只可加到八分滿以下，料加太多會有酒糟溢出及跑氣的現象）。如
果擔心蒸餾時酒醪最後恐有燒焦的情形，也可用先過濾取出的酒醪，或
只拿已搾但沒有糟的酒汁去蒸餾。不過有酒醪一起蒸餾的酒，酒氣會更
香、口感更順。

用 2 斗米（等於 23 台斤或等於 14 公斤）
發酵好的酒醪。

將發酵好的酒醪放入蒸餾器鍋內。

2. 打開瓦斯加熱之同時，順手將鍋內之酒醪攪拌不讓它沉鍋。此小
動作可減少蒸餾時的焦鍋現象。如果蒸餾中途換瓦斯時也要做這個動作。

打開瓦斯加熱。

順手將鍋內之酒醪攪拌不讓它沉鍋。

3. 將天鍋之蒸餾器上部之冷凝組與蒸鍋結合。若氣密度不夠時，可
用濕布塞緊鍋邊，以防蒸氣外洩；或有溝槽者，利用加水來阻隔蒸氣冒
出，目前比較科學的做法是採用耐高溫的矽膠墊片及外加扣鎖，以增加
其氣密度。

採用耐高溫的矽膠墊片及外加扣鎖，以增加其氣密性。

將天鍋之蒸餾器上部之冷凝組與蒸鍋結合。

4. 傳統的蒸餾器在蒸餾時，最好再接一組蛇管冷卻器（可明顯降低出酒溫度，酒的回收略較高），連接到盛酒容器。連接管的部分最好採用耐熱的食品級矽膠管，可避免出酒後，酒中帶有塑膠味，及因蒸餾器擺放角度不當而無法彎曲出酒口。

傳統的蒸餾器。

傳統蒸餾器再接一組蛇管冷卻器。

連接管的部分最好採用耐熱的食品級矽膠管,可避免出酒後,酒中帶有塑膠味,及因蒸餾器擺放角度而無法彎曲出酒口。

5. 將冷卻用水管各接上進水管及出水管,以增加蒸氣變酒液時的降溫冷凝效果。直管式的冷卻進水口是在下面,而出水口是在上面,不要顛倒,否則達不到冷卻效果。如果是家庭式 DIY 用的半斗天鍋型蒸餾器,也可在接盛酒容器的外面,再用隔水降溫方式降低出酒溫度,盛酒口可用乾淨的濕布封口,以減少酒氣外洩。

將冷卻用水管各接上進水管及出水管。

直管式的冷卻進水口是在下面，而出水口是在上面。

6. 點火蒸煮。用火候的原則，是先以大火煮滾酒醪，達到所需沸點，產生蒸氣後，內鍋溫度達到 80℃ 左右時，即關成小火，改以小火繼續加熱蒸餾。

7. 由於雜醇、甲醇的沸點為 63.5℃，乙醇的沸點在 78.3℃，我們可以此沸點作為控制火候大小及蒸餾溫度的依據。

8. 如果蒸餾器沒有溫度計設備，我們也可以用出酒口的出酒流動狀況來控制火候。若加熱的火候剛剛好時，出酒流速會很順暢，成一直線或拋物線流下；若火太小時，流出的酒液會出現斷斷續續滴水狀；如果火太大，則出酒口的酒液會接近水平漂灑，且出酒口會冒蒸氣。

若加熱的火候剛剛好時，出酒流速會很順暢（如左圖），成一直線或拋物線流下（如中圖）；若火太小時，流出的酒液會出現斷斷續續滴水狀（如右圖）。

9. 有些人在出酒口冒出蒸氣時，不接收前 3 分鐘之氣體，可減少收集到甲醇物質及雜醇類物質；而我是採取原料量的 2% 酒液當作去甲醇的數據，即 1 台斤（600g）原料，去 2%（即 12 cc）的甲醇，穀類原料與水果原料或果汁皆同適用。例如 2 斗（23 台斤）米的去甲醇換算法，乘 600 cc，再乘 2%，等於 276 cc，故要去甲醇量 276 cc 才較安全。此甲醇液體可用來擦地或洗廁所消毒。

採取原料量的 2% 酒液當作去甲醇的數據，即 1 台斤（600g）原料，去 2%（即 12 cc）的甲醇。

10. 去甲醇後，就可收集酒頭（酒精度在 60 度以上），用做酒的調製勾兌或可留做消毒清洗器具。

11. 酒頭收集後，正式收集酒心，收集酒液至酒精度不低於 20 度。台灣因設備的因素，一般不要低於 30 度，最好在 40 度時就要準備斷尾，否則出酒會有混濁現象，混濁的酒心或酒尾可與下一槽混合再蒸餾。

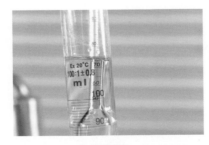

收集酒頭。

12. 酒液流出之溫度，經列管冷凝器或蛇管冷卻器以流動之冷水降低其出酒液溫度，以 30℃以下或室溫為原則。

13. 特別注意工作安全事項，蒸餾場所一定要通風流暢，以防酒精氣體濃度太高，造成氣爆發生。酒糟蒸餾快完成時，要注意蒸餾鍋底是否會燒焦，此部分依每個蒸餾器而不同，要自己找出準則。

14. 以前台灣民間傳統蒸餾的收酒方法，是去甲醇後，即採取從頭收到酒尾，整鍋蒸餾酒放在一桶的方式，平均蒸餾酒的酒精度約 35 ～ 42 度，但初期酒液往往會變濁；也因酒尾收集太多，而造成酒質有尾酸及糟味。故最好利用分段收酒，以酒頭、酒心、酒尾的方式收集出酒，然後再依比例做勾兌調整酒質。

15. 民間蒸餾酒時，常碰到蒸餾出來的酒會霧霧的，此乃正常現象。一般在出酒的酒精度從 45 ～ 30 度之間會有短暫濁霧的現象。解決的方式，是將此段的酒收集後重新蒸餾，或留至下一鍋蒸酒時再蒸餾，或者也可以透過各種過濾方式使酒液澄清。有時只要稍加控制火候大小，就可改善出酒的濁度，其實這些只要利用微過濾設備就可以解決。

去甲醇後，即採取從頭收到酒尾，整鍋蒸餾酒放在一桶。

民間蒸餾酒時，常碰到蒸餾出來的酒會霧霧的。

酒精蒸餾場所安全注意事項

由於酒精有易燃的特性，在台灣的消防法規中，儲藏酒精的場地，如果酒精度超過 60 度，需要被嚴格管制，列為高風險區。故在酒精蒸餾的場所安全技術方面，操作人員除了必須學習和熟悉蒸餾知識外，尚應注意下列各點：

1. 蒸餾設備及管道、附件等，一定要有良好的密封性，杜絕「跑、冒、滴、漏」現象。

2. 不能用明火及可能產生火花的工具，切忌金屬與金屬之間的碰撞，以免產生火花。

3. 嚴防電線絕緣不良和產生火花。

4. 場所應有良好的通風排氣條件及設備，門窗宜適度開放。

5. 場所內不要放置自燃或易燃材料。

6. 蒸餾場所嚴禁吸煙和帶入火種。

7. 設備安裝或檢修過程要確保人身及設備安全。

8. 設備及管道安裝時，要正確無誤。錯誤的安裝，往往是事故的禍根和生產不正常的因素。

9. 進行化學清理或殺菌作業時，應戴防護手套，防止皮膚灼傷。

10. 對儀器或儀表如壓力計、溫度計應定期進行校正檢查。

11. 對有閥門的管路，要注意檢查是否有鎖緊及正常開閉功能。

12. 對蒸氣的進氣量應維持均衡穩定，切忌忽大忽小，壓力忽高忽低，要達到「穩、準、細、淨」的操作要領。

蒸餾酒的種類

一般分為三大類：用穀物類釀造去蒸餾再製的酒、用水果原料釀造去蒸餾再製的酒、調合再製的蒸餾酒。

蒸餾酒由於地域不同，以及文化背景、生活習慣、當地的食材等諸多因素而產生不同酒系，再加上地球村概念，全球觀光市場的流通與普及，使酒的種類不再特別去分東、西方酒或是甚麼風味，只要當地喜好、有流通市場，就可以藉貿易或觀光手段互通有無，在乎是否有此需求，其外觀與內在質量是否可用於送禮？自飲品嘗？或有獨特紀念價值與意義值得收藏？畢竟酒是嗜口性的產品，在台灣或許有很多人認為米酒比威士忌要好喝，而米酒或許在外國評酒專家看來是無法進入等級的酒，這會影響自己對米酒的採購需求嗎？為了方便讀者對所有蒸餾酒的認識，建議以財政部對蒸餾酒的分類、歸類為基準，基本原則是可通行全世界的酒品，誤差不大。

台灣的蒸餾酒概況

台灣的蒸餾酒，依蒸餾模式一般可分液態蒸餾酒、半固態蒸餾酒及固態蒸餾酒三種，與設備、製程及財力有相當的關係。有些設備蒸餾時，只能放入液態，因為放入固態酒醪蒸餾就會燒焦，所以一般小酒廠因財力、技術及方便性的考量，以液態及半固態蒸餾最多。大酒廠因製程的需要，就會備有固態蒸餾設備。一般的見解是，用固態發酵，並且用固態蒸餾的酒，其酒的香氣確實比較濃郁有特色，如大陸生產的茅台酒、五糧液，或台灣的金門高粱酒。台灣自日據時代改良釀酒技術後，幾乎都採用液態或半固態發酵，且用液態蒸餾，最多的是米酒及水果酒。早期認識很多私釀

米酒的朋友，它們不是財力不夠買不起好設備，而是因為知道釀私酒有可能被抓而導致設備被沒收，所以設備能用就好，而不敢投資太多，減少被關廠的風險。

～～ 大陸的蒸餾酒概況 ～～

中國白酒的種類繁多，大約有兩千多種，通常分類的方法，可按主要原料、生產工藝、使用之酒麴、酒度高低及香型類別進行分類，而白酒以香型類別為主。

〈按主要原料分類〉

糧食酒：用高粱、玉米、大米等原料生產的酒。

甘薯酒：用鮮甘薯或薯乾為原料生產的酒。

代用原料酒：用高粱糠、米糠、木薯等生產的酒。

〈按生產工藝分類〉

固態發酵法白酒：發酵、蒸餾為固態工藝，即澱粉性原料的糖化作用及酒精發酵過程均在固體型態中進行，然後進行固態蒸餾製成白酒。此工藝在中國白酒的傳統生產方式中佔主導地位，大多數的中國優質名酒皆採此工藝方法生產。

半固態發酵法白酒：發酵、蒸餾為半固態工藝，即在發酵前加水，採用半固態發酵，然後進行蒸餾製成白酒。此法盛行於中國南方各省生產的米酒，「桂林三花酒」是此類發酵法的代表產品。

液態發酵法白酒：發酵、蒸餾為液態工藝，即澱粉性原料的糖化作用、酒精發酵、蒸餾的過程及物料都呈現液體狀態，此種白酒風味遠遜於前兩

種，但出酒率高。

〈按酒麴分類〉

「麴」依物質的三態可區分為固體麴及液體麴。而固體麴依形態可分為散麴及塊麴，其中散麴又稱粒麴，而塊麴依大小又可區分為大麴及小麴。

大麴（白）酒：即使用大麴為糖化發酵劑製作白酒。中國大多數的優質白酒皆採用大麴為糖化發酵劑。大麴酒用麴量大，發酵期長，出酒率低，成本較高，但產品風味質量較佳。

小麴（白）酒：即使用小麴為糖化發酵劑製作白酒。小麴酒用麴量小，發酵期短，出酒率高，中國南方各省採用此工藝生產白酒。

麩麴（白）酒：使用麩麴為糖化劑，另以純種酵母培養製作酒母作為發酵劑。此法發酵期短，出酒率高。目前台灣用此為多。

液體麴（白）酒：以液體方式，純種培養糖化菌作為糖化劑，另外以液體純種培養酵母菌作為酒精發酵劑，經過液體發酵和液體蒸餾製得白酒，此法類似酒精的生產方法。

〈按酒精度高低分類〉

高度白酒：酒度為 41 ～ 65 度的白酒。
低度白酒：酒度為在 40 度以下的白酒。

〈按香型類別分類〉

中國的白酒依香型風味分類，大致可分為清香型、醬香型、濃香型、米香型及其他香型白酒。

清香型白酒：以山西汾陽縣杏花村的「汾酒」為代表。一般酒度為 65 度。其風味特質為清香純正、酒體純淨，主體香氣成分為乙酸乙酯和乳酸乙酯。清香型白酒屬大麴酒，麴的原料為大麥與豌豆，製麴過程中，最高品溫不超過 50℃，為中溫麴。釀酒時以高粱為主原料，而以小米糠為輔料。

　　其釀造特點：1. 採「清蒸二次清」法。所謂清蒸，即一次性投料的碎高粱，單獨進行蒸煮。二次清，是指原料蒸煮、冷卻後，加麴二次，發酵二次，蒸餾二次即扔糟作飼料。2. 採用地缸固態發酵。3. 以小米糠為輔料。即清蒸的小米糠加入第一次發酵好的酒醅中，進行蒸餾。

　　其他同為清香型白酒的酒款，如湖北武漢的「特製黃鶴樓酒」、河南寶豐縣的「寶豐酒」、陝西白水縣的「杜康酒」、北京紅星牌「二鍋頭」。

　　醬香型白酒：以貴州的「茅台酒」為代表。一般酒度為 52 ～ 54 度。其風味特質為醬香突出、幽雅細膩、酒體醇厚、空杯留香持久，主體香氣成分相當複雜。醬香型白酒屬大麴酒。麴的原料為小麥，在 60℃ 高溫下製麴，釀酒時主原料為高粱。其釀造特點為：高溫製麴，高溫固態發酵，兩次投料，八次加麴，八次發酵，九次蒸餾，七次摘酒，每個小週期 1 個月以上，總生產週期約 10 個月左右。

　　其他同為醬香型白酒的酒款，如的四川古藺的「郎酒」、湖南常德的「武陵酒」、山東青州市的「雲門陳釀」、貴州懷縣的「懷酒」、貴州興義市的「貴州醇」。

　　濃香型白酒：以四川瀘州的「老窖大麴酒」為代表。一般酒度為 60 度。其風味特質為窖香濃郁、綿甜純淨、香味協調、回味悠長，主體香氣成分為己酸乙酯及丁酸乙酯。濃香型白酒為大麴酒，以小麥製麴。釀酒時以糯性高粱為主原料，而以稻殼為輔料。其釀造特點為採泥窖發酵。另外，四

川宜賓的「五糧液」及「劍南春」亦屬濃香型白酒，但釀造時採用高粱、小麥、玉米、糯米、大米為原料。

其他同為濃香型白酒的酒款，如山東曲阜「孔府家酒」、江蘇泗洪「雙洋特麴」、湖南常德「德山大麴」、貴州貴陽「貴陽大麴」、四川綿竹「綿竹大麴」等。

米香型白酒：以廣西桂林的「三花酒」為代表。一般酒精度為 55 度。其風味特質為蜜香清雅、入口綿柔、落口爽淨、回味怡暢，主體香氣成分為乳酸乙酯。米香型白酒屬小麴酒，麴的原料為米，並搓揉成小湯圓狀，釀酒時主原料為米。其釀造特點為以大米為原料，小麴固態糖化，加水液態發酵，液態釜式蒸餾。

其他白酒香型：**1. 藥香型**：以貴州「董酒」為代表。使用小曲，主原料高粱，其風味特質融合植物藥香及濃香為一體。**2. 鼓香型**：以廣東「玉冰燒酒」為代表。其風味特質玉結冰清、鼓香獨特、醇和甘滑、餘味爽淨，主體香氣成分為壬二酸二乙酯及辛二酸二乙酯。以大米為原料，小曲液態發酵，液態蒸餾至酒精度 32 度，再經肥豬肉浸泡儲存而得產品。**3. 兼香型**：即融合兩種以上香型類別的酒款。兼具兩種香型特質的白酒，如融合清香型與醬香型兩種特質的「凌川白酒」；又如具備茅台酒及瀘州老窖大麴酒兩款酒香氣特質的湖南長沙「白沙液」，瀘頭茅尾，濃中帶醬，兼具醬香與濃香。而具備三種香型特質的白酒，一般又稱為「混香型」，如湖南吉首市的名酒「湘泉」，就融合了濃香、醬香與米香。

外國的蒸餾酒概況

國外的蒸餾酒，由於時代背景及地域食材的不同，產生大家公認較知

名的幾大類型酒，藉認識其發源地、種類及其製造方法，就可以了解其背景，做為改良自己釀酒工藝的參考與學習。（以下部分內容參考「維基百科」、「中文百科」、「醫學百科」）

· 威士忌（Whisky）——
穀類酒經過蒸餾和浸泡於橡木的酒

　　威士忌被英國人稱為生命之水，主要是以大麥、玉米或其他穀物為原料，經發酵、蒸餾，再儲存於木桶中熟成，在陳釀的過程中，酒色也由原來的無色透明轉為或淺或深的琥珀色。製造優良威士忌醞釀的時間，即酒在木桶內醞釀的時間，是決定威士忌品質的主要因素。一般而言，清淡的威士忌僅醞製 4 年即可，而濃郁的需時較久。經調合、裝瓶後，在標籤上經常可看到不同年份。

　　在台灣，威士忌的定義就簡單許多，菸酒管理法施行細則的定義是，以穀類為原料，經糖化、發酵、蒸餾，貯存於木桶 2 年以上，其酒精成分不低於 40% 之蒸餾酒。

　　威士忌的發源地，一般認為是遠在西元 1171 年，英格蘭王亨利二世率軍隊攻進愛爾蘭時，即發現當地人已飲用大麥製成、稱為生命之水的蒸餾酒，可說是威士忌的始祖。

〈威士忌分類〉

　　根據產地，可將威士忌分類為：蘇格蘭威士忌（ScotchWhisky）、愛爾蘭威士忌（IrishWhisky）、加拿大威士忌（CanadianWhisky）、美國威士忌（Americanwhisky）等，其中以蘇格蘭威士忌最有名，享譽全球。不同的產區，其原料、製造方法上有所差異，依序介紹如下。

蘇格蘭威士忌（ScotchWhisky）：蘇格蘭威士忌簡單來說，是以大麥或穀類、水及酵母為原料，在蘇格蘭地區發酵、蒸餾、熟成儲存而成。依據釀製方式可分為麥芽威士忌（MaltWhisky）、穀類威士忌（GrainWhisky）、調配（混合）威士忌（BlendedScotchWhisky）等三種。

根據 1988 年蘇格蘭威士忌法案規定，所有在蘇格蘭產地的蒸餾廠，都必須在廠內用水浸泡麥芽或其他穀物，使其發芽，且在麥芽內自然產生酵素作用，在轉換成酵素的過程中，只用酵母使其發酵。經蒸餾後的原酒，其酒精濃度不可超過 94.8 度，這樣在原材料中的香味才能在製造過程中被保留下來。之後將酒裝在橡木桶中熟成，橡木桶必須放在酒窖，最後酒精濃度度不可低於 40 度，符合上述要求所作出的威士忌酒才能稱蘇格蘭威士忌。

愛爾蘭威士忌（IrishWhisky）：愛爾蘭威士忌，是以大麥麥芽、未發芽的大麥、稞麥、玉米和小麥等原料來釀製，若只用大麥芽稱純麥威士忌；除大麥芽外，還有添加其他穀物等稱穀類威士忌。

加拿大威士忌（CanadianWhisky）：加拿大威士忌始於 1775 年美國獨立戰爭後，反對獨立的人移居加拿大北方，開始生產穀物，後因生產過剩，部分麵粉業與釀酒製造業者並肩釀製威士忌，1861 年開始外銷至美國。美國在 1920 年因實施禁酒法，其臨國的加拿大便大規模生產威士忌，以供應美國市場，為日後奠定了屹立不搖的基礎。主要分類有裸麥威士忌、基酒威士忌、調味威士忌、混合威士忌等四種，使用原料由不同穀類所組成，大部分是小麥、玉米、大麥或大麥麥芽為原料，常以 80％玉米、20％麥芽的比例調配，其所釀製的威士忌稱穀類威士忌。

美國威士忌（Americanwhisky）：美國早在 17 世紀，利用一些從歐洲移民所帶來的蒸餾技術，開始了釀酒的技藝。初期以稞麥為主，18 世

紀末因穀物生產過剩才開始使用玉米製酒。威士忌主要以波本威士忌較有名。波本威士忌起源於美國肯達基州的波本地區，此名是因移居到美國的法國移民，為懷念其故國波本王朝，以此命名。波本威士忌除了肯達基州外，還包括田納西州、賓州、馬里蘭州、維吉尼亞州、印第安那州等地都有生產。

　　威士忌酒種類繁多，在市場上爭奇鬥艷。各種類又分高級、中級、普通級等，因此調製雞尾酒時，宜配合所要求的口味及現場條件，選擇適當的種類與等級。每種威士忌酒都各具強烈的個性。喜愛威士忌的人都對其個性深愛不疲，所以選做雞尾酒的基酒，要比選用琴酒或伏特加酒更具備高段的技術。除非飲者有要求，否則貿然以蘇格蘭威士忌做基酒，會被視為不學無術，因此須顧及平常所嗜好的酒種。例如在紐約的酒吧，點以威士忌為基酒的混合飲料時，酒保通常會勸酒客使用波本威士忌或加拿大威士忌，除非特別要求，酒保絕不會使用蘇格蘭威士忌。就品味來說，蘇格蘭威士忌有薰鼻的麥芽香，加拿大威士忌有綠色大地的深邃韻致，至於波本威士忌則有強烈的男性魅力。

〈威士忌的製造方法〉

　　一般威士忌的製造過程可分為下面幾個步驟：發芽→磨碎→發酵→蒸餾→陳年→混配→裝瓶。

　　發芽（Malting）：首先將去除雜質後的麥類或穀類，浸泡在熱水中使其發芽，其間所需的時間視麥類或穀類品種的不同而有所差異，但一般而言，約需要 1～2 週的時間來進行發芽的過程，待其發芽後，再將其烘乾或以泥煤（Peat）薰乾，等冷卻後再儲放大約 1 個月的時間，發芽的過程即算完成。在這裏特別值得一提的是，在所有的威士忌中，只有蘇格蘭地

區所生產的威士忌是用泥煤將發芽過的麥類或穀類薰乾，因此賦予蘇格蘭威士忌一種獨特的風味，而這是其它威士忌所沒有的一個特色。

磨碎（Mashing）：將儲放 1 個月後的麥類或穀類放入特製的不銹鋼槽中，加以搗碎並煮熟成汁，其間所需要的時間約 8 ～ 12 個小時，通常在磨碎的過程中，溫度及時間的控制，可說是相當重要的一環，過高的溫度或過長的時間都將會影響到麥芽汁（或穀類的汁）的品質。

發酵（Fermentation）：將冷卻後的麥芽汁再加入酵母菌進行發酵，發酵的過程，由於酵母能將麥芽汁中的醣轉化成酒精，因此在完成發酵過程後會產生酒精濃度約 5 ～ 6 度的液體，此時的液體被稱之為「Wash」或「Beer」。

由於酵母的種類很多，對於發酵過程的影響又不盡相同，因此不同的威士忌品牌，都將其使用的酵母種類及數量視為商業機密而不輕易告訴外人。一般來講，在發酵的過程中，威士忌酒廠會使用至少兩種以上不同品種的酵母來進行發酵，但也有最多使用十幾種不同品種的酵母，混合在一起來進行發酵的作用。

蒸餾（Distillation）：一般而言，蒸餾具有濃縮的作用，因此當麥類或穀類經發酵後所形成的低酒精度「Beer」，還需要經過蒸餾的步驟才能形成威士忌，這時的威士忌酒精濃度約在 60 ～ 70 度間，被稱之為「新酒」。

基本上麥類及穀類所使用的蒸餾方式有所不同，由麥類製成的麥芽威士忌是採取單一蒸餾法，即以單一蒸餾容器進行二次的蒸餾過程，並在第二次蒸餾後的酒去其頭尾，只取中間的酒心部分成為威士忌。

由穀類製成的威士忌則是採取連續式的蒸餾法，即使用兩個蒸餾容器，以串聯方式一次連續進行 2 階段的蒸餾過程。基本上各個酒廠在篩選

酒心時並無固定的比例，完全依各酒廠自行決定，然而一般取酒心的比例多在 60 ～ 70 度之間，也有酒廠為求取純度最高的部分來製造高品質的威士忌，因此只取 17 度的酒心來使用，如享譽全球的「麥卡倫單一麥芽威士忌」（Macallan Whisky）。

陳年（Maturing）：蒸餾過後的新酒，必須經過陳釀的過程，使其經由橡木桶吸收各類植物的天然香氣，並產生出漂亮的琥珀色，同時亦可逐漸降低其酒精濃度，其陳年時間由四、五年到數十年以上不等。

目前在蘇格蘭地區，有相關的法令來規範陳年的酒齡，亦即每一種酒所標示的酒齡都必須是真實無誤的，這樣的措施除了可保障消費大眾的權益外，更替蘇格蘭地區的威士忌建立高品質的形象。

混配（Blending）：由於麥類及穀類的品種眾多，因此所製造而成的威士忌亦各有其不同的風味，這時就端視各個酒廠的調酒大師，依其經驗各自調製出與眾不同的威士忌，也因此各個品牌的混配過程及其內容都被視為是絕對的機密，而混配後的威士忌，其好壞就完全是由品酒專家及消費者來決定了。

裝瓶（Bottling）：混配的程序做完後，最後剩下來的就是裝瓶了，但是在裝瓶之前先要將混配好的威士忌再過濾一次，將其雜質去除掉，這時即可藉由自動化的裝瓶機器將威士忌按固定的容量分裝至每一瓶中，然後再貼上標籤，表示如年分、等級、酒廠等標示後，即可裝箱出售。

另外等級和年分標示法，以蘇格蘭威士忌為例，如下：

· 標準品：蘇格蘭須 3 年以上的木桶陳年，不標示年分稱為 Standard；美國須 2 年以上的熟成，即可標示 Straight。

· 中級品（Deluxe）：蘇格蘭常見的年分有 8 年、10 年、12 年、15 年、17 年等標示。

· 高級品：蘇格蘭常見的有 17 年、18 年、20 年、21 年等標示。

· 特級品：25 年以上蘇格蘭威士忌。

· 產製或裝瓶年分：如 1980、1981、1982 等標示，蘇格蘭純威士忌常見標籤上可能同時出現上述陳年的年分的標示。

· 琴酒（Gin）——

有杜松子香味的蒸餾酒

琴酒的誕生在 17 世紀中葉，原為藥酒，由荷蘭萊頓（Leiden）大學席爾華斯（Franciscus Srlvius）教授為保護荷蘭人免於感染熱帶疾病所調製。他把杜松子浸泡在酒精中予以蒸餾後，作為解熱劑，有利尿解熱的效用，這就是杜松子酒的由來。酒名源於法語 Geninever 杜松子的發音，意思即是杜松子酒。想不到受到愛喝酒的人的喜愛，不久被普遍飲用，開始了琴酒的歷史。琴酒的名稱是 Geniever，後由英國人縮寫為 Gin 而得名。

琴酒無色透明，清香爽口，散發出的誘人香氣是最讓人無法忘懷的特色。雖然直接喝能品嘗其原始風味，但做為基酒，加入其它配料，似乎更能顯現優點。琴酒是近百年來調製雞尾酒時最常使用的基酒，其配方多達千種以上，故有「琴酒是雞尾酒心臟」之說。

〈琴酒原料與製造方法〉

現在琴酒的主流是倫敦琴酒（LondondryGin）。原料是玉米、大麥、裸麥等，再將這些原料以連續式蒸餾機製造出 95 度以上的穀物蒸餾酒，加進一些植物性成分後，再用單式蒸餾機蒸餾，以溶合出各成分的香味。植物性成分中，除了杜松子外，還使用胡薑、葛縷子、肉桂、當歸、桔子或檸檬皮，以及其它各種藥草、香草等，至於比例各多少，則是各廠家的秘密。

琴酒其配方是以玉米 75％、大麥芽 15％和其它穀物 10％一起發酵，過程與威士忌類似，麥芽汁經過發酵後，用一種圓鍋蒸餾器蒸餾，得酒精度 90～94 度（180～188proof）的純淨烈酒，再加蒸餾水稀釋至酒精度 60 度，然後用壺狀蒸餾器蒸餾，並加入杜松子作為香料（也使用各種不同的植物）以增加琴酒香味。美國規定琴酒必須蒸餾至酒精度含量 95 度（190proof）以上。

〈琴酒的種類（依產區分）〉

德國琴酒：德國產的琴酒（SchinkenHaper），其製法特殊，是讓未經加工的新鮮杜松子發酵蒸餾後，和另外發酵蒸餾的大麥混合而成。無論味道和香氣皆較英產杜松子酒溫和，容易入口，與德國啤酒是絕妙的搭配，目的在暖和喝過啤酒後的冷胃。

英國琴酒：倫敦琴酒（LondondryGin）以麥芽及五穀為原料，主要產品有不甜琴酒（LondondryGin）與老湯姆琴酒（OldTomGin），後者有甜味。普裡茅斯琴酒（PlymouthGin）與倫敦琴酒類似，但其香味不同。英國琴酒蒸餾後的酒精度較低，故保有較多的穀物特性（雖然蒸餾酒精度低，但是裝瓶的酒精度卻較高）。此外，英國水質好，自然影響到酒釀以及蒸餾的烈酒特性，所以英國的琴酒廣受歡迎，需求量不斷上漲。

美國琴酒：美國琴酒（AmericanGin）其產品分成二級，瓶底有突出的 D 字（Distillation）者，表示蒸餾而成；有 R 字（Rectifier）表示精餾而成。

·香甜酒（Liqueur）──

香味千變萬化的液體精華

香甜酒始於西元 1137 年，為了調和葡萄酒中的酸味，摻入蜂蜜、香草、大茴香等的材料混合在一起，再以毛袋過濾，算是最早香甜酒的製造方式。之後於西元 1314 年，由西班牙的學者首創最新技術，將製造方法改良，把檸檬、橘子花、香料等的香味用酒精析出，再配上顏色，創新香甜酒製造方式。

直到 16 世紀，義大利發現把蒸餾過的葡萄酒稀釋，加入肉桂、大茴香籽、麝香、糖等配料，製成的香甜酒，它的盛名傳到了法國，當時的王妃卡多利·美蒂西斯為法國「勃布勒酒」做宣傳，使法國的香甜酒更加進步，甚至有超越義大利的趨勢。18 世紀以後，由於科學的進步，尋求藥用價值的風氣漸衰，而以水果香味為主的美味型香甜酒取而代之。

〈香甜酒的製造方法〉

蒸餾法：把基酒和香料同置於鍋中蒸餾而成，如香草類的香甜酒多用此法製成。

浸漬法：把配料浸入酒中，讓香味和成分自然的釋出，如梅子酒也是用此法製成。

濾出法：在網中放置原料成分於酒槽中，以泵浦上下攪動基酒，濾出香味和成分。

香精法：配料、香料或合成品調入基酒中，法國禁用這種合成法，但

是有些國家仍把合成香精與中性酒精配合，這樣製成的品質比較低劣。

〈以香料來劃分香甜酒〉

柑橘類：以 Curacao 最為普遍，用橘子乾皮、肉桂、丁香、糖等配合。Curacao 是荷屬的一個小島，距離南美委內瑞拉 60 哩，此地所產的柑橘酒，便以地名為名。之後各國也群起模仿，所用的材料各異，製法也不同，各有各的風味。由正宗 Curacao 所生產的，則在 Curacao 之前加上 Dutch 以示區別。此類香甜酒是雞尾酒不可缺的配酒。其有名的有君度橙酒（Cointreau）、柑曼怡香橙干邑香甜酒（GrandMarnier）等品牌。

果實類：以果實當作酒名，其種類相當明顯，例如櫻桃白蘭地（CherryBrandy），以白蘭地為基酒，加入櫻桃浸漬，加上丁香、肉桂、砂糖等，酒精度在 24 ～ 22 度之間，糖度在 22 ～ 20 度之間，因各家廠牌而異；杏桃白蘭地（ApricotBrandy）以白蘭地為基酒，浸漬杏桃、香料、糖等材料。南方安逸（SouthernComfort）是以波本威士卡為基酒釀製而成的酒。較有名的有桃子酒（PeachBrandy）、梨子酒（PoireLiqueur）、黑莓酒（BlackBerry）等品牌。

奶油類：這一類的香甜酒，酒精度在 22 ～ 32 度之間，糖度在 40 ～ 50 度之間，喝起來的感覺像奶油一樣，所以大家就把它稱之為奶油酒，法語稱 Creme，發音與英文 Cream 相似。製造此類的材料非常多，如：果實、茶、花、香料等不勝枚舉，但無論用什麼材料，它們共同的特色是像奶油一般的香甜、油膩。較知名的有可哥酒（CremeDeCacao）、薄荷酒（CremeDeMenthe）和義大利的杏仁酒（AmarettoDeSaronno）等品牌。

種子類：以肉桂、植物種子為主要原料。自古希臘時代就有人以肉桂做藥酒，至今在地中海沿岸一帶仍然十分流行。肉桂酒（Anisette）就是

此類代表，酒味香甜，風味獨特，最適合做雞尾酒的配酒。它的作法是把肉桂、檸檬皮、糖等香料加入蒸餾酒後，再進行一道蒸餾手續精製而成。

香草類：以多種香草或藥草中抽出成分，有健胃、助消化的功能，所以香草類酒算是香甜酒類的高級品。其知名的品牌有查特酒（Chartrelse）、本尼迪克特香甜酒（Benedictine）、義大利加利安洛香草酒（Galliano）等。

蜜類：蜂蜜酒的製造歷史，僅次於啤酒和葡萄酒。英格蘭的康瓦爾半島至今還保留著古老的釀法。老式的作法是用蜂蜜加上葡萄酒和蒸餾酒，就是蜂蜜酒，其酒精度大約在 16 度左右；新式的作法是用蜂蜜加上蒸餾酒，再配上香料和藥草，就是現代的蜂蜜酒。其較知名的品牌有英國吉寶蜂蜜香甜酒（Drambuie）、愛爾蘭霧（IrishMist）、蘇格蘭威士忌香甜酒（LochanOra）等。

飯前酒類：是為了增進食慾，在用餐前所飲用的酒，也有保養、健胃、滋補等功能。在法國和義大利，它的種類相當多，但較具知名的品牌有苦艾酒（Vermouth），以葡萄酒作基酒，再搭配苦艾草等二十幾種植物藥草和蒸餾酒製成，酒精度在 17 ～ 20 度之間；辛巴利苦酒（Campari）是以蒸餾酒為基酒，再搭配奎寧等藥草製造而成；杜博尼酒（Dubonnet）是以葡萄酒作基酒，再搭配肉桂和多種的植物藥草製造而成，酒精度在 16 度左右。

· 馬特拉酒（Madeira）——

添加白蘭地製成的餐後甜味酒

摩洛哥西部距離 600 公里處海上，由葡萄牙所屬的馬得拉島上所生產的加強酒精葡萄酒，是把經過 3 周發酵的葡萄汁裝入酒樽，放在約 50℃的乾燥爐內，儲存 3 ～ 6 個月，然後添加白蘭地的獨特方法製成。此酒以煙

熏味、焦糖味和優雅的酸味為特點。

至少使用 85％ 名貴葡萄品種（Sercial、Verdelho、Bual、Malmsey）釀製的馬特拉酒，並以釀製它的葡萄名命名。

風味分四類型：

· Sercial，顏色很亮，帶有杏仁味，酸度很高，芳香爽口，飯前用酒。

· Verdelho，芳香、高酸度、煙薰味、略甜型的酒，酒香濃郁，餐後飲用的酒。

· Bual，顏色較深，豐富細緻的口感，帶有提子味。

· Malmsey，顏色較深的暗褐色，豐富細緻的口感，帶有焦糖咖啡味的甜味酒。

自羅馬時代就以葡萄酒產地聞名的馬拉加（Malaga），是位於西班牙南部、安達魯西亞地區的港都，而馬拉加酒就是以馬拉加城為中心地帶所產的葡萄釀製，也是波特酒（Pedro）、馬拉加葡萄酒（Ximenez·Moscatel）、甜味雪莉酒等常用的葡萄品種，同時也將此原料用來生產紅葡萄酒，不過，以白葡萄酒占絕大部分。芳醇香甜的馬拉佳酒最適合於做餐後酒。

馬拉加酒可以簡單的分為以下兩大類：葡萄烈酒（酒精度 15 ～ 22 度）、甜酒（酒精度 13 度以上，使用熟透的葡萄釀造）。

馬拉加酒的顏色從黃色到黑褐色都有，年輕的馬拉加酒有花卉和水果

的香味,而年老的馬拉加酒則風味更加複雜,根據陳釀年數以及干、甜類型的不同而有差異。

根據陳釀年數的不同,可分為幾類:MálagaPálido（未經陳釀）、Málaga（陳釀 6 ～ 24 個月）、MálagaNoble（陳釀 2 ～ 3 年）、MálagaAñejo（陳釀 3 ～ 5 年）、MálagaTrasañejo（陳釀超過 5 年）。

根據酒液糖分含量的不同,可以分為 dulces（sweet,甜型）、semidulces（semi-sweet,半甜型）、semisecos（semi-dry,半干型）和 secos（dry,干型）。

其中甜型馬拉加酒（MálagaDulces）又可以細分如下:Vinomaestro（在發酵結束前,加入酒精濃度 8 度的葡萄酒,使發酵過程慢慢停止,並在酒精濃度達到 15 ～ 16 度時終止發酵過程。大約有 100 克／升的糖分殘留在酒液中沒有發酵）、Vinotierno（使用部分於太陽下長時間暴曬的葡萄釀製,發酵前的葡萄酒原汁的糖分含量過 350 克／升。這樣的原汁開始酒精發酵,然後同樣的添加葡萄酒進行強化。）、Vinodulcenatural（使用 PeroXimén 或 Moscatel 葡萄釀製的葡萄酒原汁,其原始糖分含量超過 212 克／升,酒精濃度不低於 7%。再使用這種原汁發酵生產出 Vinodulcenatural 葡萄酒。）

· 波特酒（Port）——

強化甘甜酒精的葡萄酒

波特酒的產地在葡萄牙北部的兜羅（Duuro）河沿岸地區。製法是將採收好的葡萄榨汁後,添加酵母,然後開始發酵,並於發酵中趁糖分還存留的時候,將汁液放入有白蘭地酒的桶中,而後停止發酵,使天然糖分得以存留下來,製成甜味酒。

其甜度取決於停止發酵的時期。然後將酒運到兜羅河河口對岸的酒窖裡，經 1 年貯藏期之後，再轉放入大桶，再經過至少 4 ～ 5 年的成熟期後，去除混濁的液體再裝瓶。上市前必須經過波特酒協會的品質檢查，只有合格的產品才可以叫波特酒。

波特酒的口感通常是豐富、甜美、厚重的，比起未強化葡萄酒的酒精含量較高。這是由於在所有的糖分轉化為酒精前，加入蒸餾的葡萄烈酒（aguardente，類似白蘭地）來強化葡萄酒，酒只發酵了一半，生產的葡萄酒一般酒精度數為 18 ～ 20 度。

波特酒分下面四類：

‧WhitePort：白葡萄為原料，酒液金黃色。從甜味到不甜都有。適於飯前開胃，必需冰鎮後飲用。

‧RubyPort：紅葡萄為原料，也是最普遍的一種。色澤呈紅寶石色，非常甜、芳香濃郁。冰鎮之後非常適於餐後飲用。

‧TawnyPort：有兩種，其一是由 WhitePort 和 RubyPort 調製而成的廉價品；另一種是用 10 年時間成熟而成的高級品叫 OldTawny。酒色黃褐色、甜味清淡。

‧VintagePort：在收成好的季節，用當年的葡萄製成波特酒高級品，直接標明年分。因為有沉澱物，所以飲用時必需先濾過之後才能飲用。

〈葡萄牙出品的波特酒大致可以分為兩大類〉

第一種酒被密封在玻璃瓶中，與空氣隔絕，這一過程被稱為「濃縮」

陳釀（"Reductive" aging），導致酒非常緩慢的褪去顏色，生產出來的葡萄酒口感柔和，並且含有較少的丹寧。

第二種酒被密封在木桶中，可以少量接觸氧氣，這一過程被稱為「氧化」陳釀（"Oxidative" aging）。在這個過程中，酒迅速褪色，同時還蒸發了一定量的水分，產出的葡萄酒略微粘稠。

· 萊姆酒（Rum）——
熱情香甜的調味酒

盛產甘蔗聞名的西印度群島正是萊姆酒的故鄉。萊姆酒之名即源自西印度群島原住民 Rumbullion 的語首 Rum。

萊姆酒，是以甘蔗為主原料製成的蒸餾酒。先將壓榨出的甘蔗汁熬煮，分離出砂糖結晶，再加入製糖所產生的糖蜜，經發酵、蒸餾程序而成，或利用製糖過程中剩下的殘渣做為原料，經發酵蒸餾過程製成。萊姆酒發源地在西印度群島。不過，萊姆酒的原料甘蔗並非原產於此地。甘蔗的原產地在東南亞一帶，傳入西班牙，在哥倫布到達了西印度群島以後，才從西班牙移植到此地。

17 世紀初葉，有蒸餾技術的英國人移民到小安地列斯群島的巴貝多司島（Barbados），開始利用此地盛產的甘蔗來製造蒸餾酒，此為萊姆酒的起源。剛研究成功的萊姆酒十分強烈，初次飲用這種酒的當地土著，因酒醉而興奮，英語稱之為 Rambullion，雖然這個詞現在已不用，但萊姆酒卻保留下來，成了該酒的名。

萊姆酒是產糖國家所製成的酒。由於發酵法不同，所製成的萊姆酒亦大不相同，而且各產地都有其獨特的生產法，因此很難一概而論。世界

上使用萊姆酒最多量的產業是製菓領域，在含有蛋、奶油、牛奶或鮮奶油的甜點中，萊姆酒是不可或缺的材料。第二次世界大戰中，以美國為主，萊姆酒成為風行的飲料，廣受青睞。當時從歐洲渡過大西洋，把酒運到美國本土，經常受制於船舶之不足和海上之威脅，所以他們選擇飲用最接近美國西印度諸島的萊姆酒。爾後，以萊蘭姆酒為基酒所調製的雞尾酒配方，為戰前的數倍之多。

現在，萊姆酒因產地和製法的不同而有許多種類型。按色澤分類，可分為白（透明）萊姆酒、金色萊姆酒和深色（暗褐色）萊姆酒三大類。如按風味為標準分類，可分為清淡型萊姆酒、中間（溫和）型萊姆酒和厚重型萊姆酒。

萊姆酒的特色在於風味醇和，適合與可樂、果汁等各式非酒精飲料搭配使用，是調製雞尾酒的主要基酒之一。此外，它也非常適宜做為熱飲，萊姆酒極易為人體所吸收，取暖效果相當好。渴望快速獲得暖身時，最佳的選擇就是萊姆酒。萊姆酒具有兩個極端的個性，一種是白色、口感柔順、酒精度35度，主要用來調製代基里雞尾酒（Daiquir）及其他性質相近的現代雞尾酒品；另一種則是深色、口味濃重、酒精度可高達65度。近年來白色萊姆酒尤其受歡迎，主要是它們清淡的口味很容易和其他材料調配，且非常適合年輕人飲用。

·雪莉酒（Sherry）──

長期貯藏、香味獨特的酒

在西班牙南部安達魯西亞（Andalucia）港都加的斯（Cadiz）附近，一塊由耶利澤（JerezdeLaFrontera）、聖路卡（Sanlu¨cardeBarrameda）和艾爾普艾多（PuertoDeSantaMaria）三個城市所形成的三角地帶，是雪

莉酒的生產地。

據說雪莉酒的名字,是由地名 Jerez 的英文譯音改變而來的。由於這裡靠近海岸,使得安達魯西亞地區原有的強烈日照和酷暑稍微緩和,氣候顯得比較暖而乾燥;土質則有豐富的石灰質,有白堊土壤、粘土質和砂質土壤三種,其中白堊土壤就是最適合釀製雪莉酒之葡萄品種生長的土質。

雪莉酒主要的葡萄品種為拍露咪濃(Palmin)和培得洛賽門尼司(PedroXim'enez)。以傳統方法採收的這些白葡萄不立即榨汁,而是放置於陽光下曬乾,使水分減少、糖度提高後,再運至壓榨廠,以腳踩碎取汁。為了提高葡萄的酸味,必需加入石膏土。目前採收回來的葡萄直接以壓榨機處理,接下來即進行發酵的步驟,發酵時酒不滿樽,上部留出空餘。葡萄酒因為空餘的部分接觸空氣,表面會產生一層白色的薄膜,當地人稱為開花(Flor),是由多種酵母菌體所形成的,這對雪莉酒獨特的香味有重要作用。

此外,熟成是用木桶分層、堆疊式進行,這種方法是把熟成過程中的酒桶,由舊到新、從下到上順序分五層堆放。上市時,從最下層、裝有熟成酒的酒桶出酒,上層酒桶的酒就依順序補足減少的部分,這樣以新舊酒逐步摻和,可以得到受肯定的酒質。

雪莉酒有以下五種類型:

·Fino:採用 Palomino 葡萄品種製造,呈淡麥黃色,帶有清淡的香辣味。酒精度在 17 度左右。

·Amontillado:將 Fino 進一步成熟的酒,呈號珀色,從稍甜到不甜都有,帶有類似杏仁的香味。酒精度 17 度左右。

‧Oloroso：具芳香醇厚濃郁的獨特香味，有甜味和略甜兩種，酒精度 18 ～ 20 度左右。濃甜的 Cream 型雪莉酒，即是以此酒為底調製而成。

‧PedroXimenez：是葡萄品種的名稱，在甜葡萄酒中是較貴的品種，酒色較深暗，類似香甜酒的甜味。酒精度約 13 度左右。

‧Manzanilla：SanlüʻcarDeBarrameda 所生產的 Fino 型不甜酒。酒精度是 17 度左右。

‧龍舌蘭酒（Tequila）——

以植物根部榨汁、發酵、蒸餾的酒

龍舌蘭酒是墨西哥的特產，它的原料是龍舌蘭的一個品種，在墨西哥稱為 Maguey 的一種植物。製造必需先從栽培開始，等它成長收割之後，先將其葉片除去，收集其根部約 70 ～ 80 公分的部分，然後用蒸汽鍋加熱，榨汁之後取其甜味的汁液，再經過發酵和蒸餾的處理，就是龍舌蘭酒了。

未經過木桶成熟的酒是白色，味道較辛辣；黃色是經木桶成熟的，味道較圓潤。在龍舌蘭酒中能夠稱 Tequila 的，只有在墨西哥中央高原北部的哈利司克州所栽培的 Maguey，品質最優良。它的出產地名叫 Tequila，所以只有在這個村莊生產的才能稱做 Tequila，而其它地區所生產的只能稱為 Mezcal。

龍舌蘭酒受到世人的喜愛是近年來的事，原本它只是墨西哥當地主要飲用酒品，由於以龍舌蘭酒為基酒調製的「瑪格麗特」雞尾酒帶來震撼的

風味，於是水漲船高名聲大噪，龍舌蘭酒從墨西哥地方性的蒸餾酒，搖身一變成為世界風行的飲料。

·伏特加（Vodka）——

無色無味的烈性穀物調味酒

關於伏特加酒的起源，可溯至 12 世紀左右的俄國。伏特加這個名稱據說是從俄文的 Voda 演變而來。至於，伏特加這三個字於文獻出現則始於 16 世紀。伏特加已有數百年歷史，是由斯拉夫民族所製造的蒸餾酒，可謂俄國的國民飲料。其語源猶如威士忌、白蘭地一般，皆出自於「水」，伏特加的俄文原意就是水。迄今俄國人以生命之水、可愛之水來暱稱它。

據推測，12 世紀左右的伏特加是以蜂蜜為原料，一直到 18 紀左右為止，都是採用裸麥為主要原料，後來也開始使用大麥、小麥及從美國大陸運來的玉米和馬鈴薯等。現在的伏特加則是用上述農產品，經過精巧的蒸餾器製成酒精度 95 度以上的烈性穀物蒸餾酒，再把這種蒸餾酒用蒸餾水稀釋到 40 ～ 60 度之間，用白樺木和椰子木燒成的活性碳裝入圓桶中，經過五、六支銅管或二十多支銅管過濾而成。

主要品種為哥頓金又稱狗頭金酒（Gordon）、比菲特（Beefeater）、布諾斯（Burnett"t）、波爾斯（Bols）等。

伏特加酒的酒質呈中性，是調製雞尾酒的理想基酒。因此近來與琴酒一樣，被廣泛應用在多種雞尾酒中，其種類繁多，從酒精濃度在 90 度以上者，到控制在 35 度左右的淡味伏特加酒皆有。無論使用哪一種伏特加作基酒，都能輕易與其他材料相搭配，與果汁、碳酸飲料等加以混合，都能產生絕佳風味。但不管直接飲用或作為雞尾酒的基酒，伏特加都須徹底冰涼。若將瓶裝的伏特加直接置於零下 18 度的冰箱中，愈冰涼愈能呈現伏特加特

殊的乙醇甜味。

· 白蘭地（Brandy）──
果酒經過蒸餾、浸泡於橡木的酒

白蘭地（英文 Brandy，從荷蘭文 Brandewijn 而來，意思是燒酒），以葡萄酒加以蒸餾濃縮製成的酒。廣義而言，只要是以果酒為基底，加以蒸餾製成的酒都可以稱為白蘭地，通常在名稱前面加上相應的水果名稱，例如：鳳梨白蘭地。

白蘭地製品有高濃度白蘭地和飲用白蘭地兩類，前者含酒精度 80 ～ 94.5 度，供果酒調整用；後者含酒精度 40 ～ 55 度，供飲用。

白蘭地的釀製，首先是將原料釀製成原料酒，而後再行蒸餾。白蘭地的釀製原料有兩種，一種是鮮果，另一種是榨粕酒腳（利用榨過葡萄酒剩下的葡萄渣）。鮮果原料常利用不適於釀製葡萄酒的品種製作，榨粕白蘭地對葡萄品種無一定要求。

白蘭地酒精度，一般以 40 ～ 41 度居多，抽出物約 0.5 ～ 0.8％，每 100ml 純酒精含醛 0 ～ 12g，酸（以醋酸計）20 ～ 40mg，酯（以乙酸乙酯計）72 ～ 160mg，雜醇油 125 ～ 254mg，甲醇 0 ～ 200mg。

16 世紀時，荷蘭為海上運輸大國，法國是葡萄酒重要產地，荷蘭船主將法國葡萄酒運往世界各地，但當時英國和法國開戰，海上交通經常中斷，葡萄酒貯藏占地費用大，於是荷蘭商人想將葡萄酒蒸餾濃縮，可節省貯藏空間和運輸費用，運到目的地後再兌水出售。但意想不到的是濃縮的酒更受歡迎，而且貯藏時間越長酒味越醇，從此，出現一種新酒，就是白蘭地。

1 公升白蘭地，大約需要 8 公升葡萄酒濃縮，蒸餾出的酒是近乎無色的，

但在橡木桶中貯藏時，橡木的色素自然地溶入酒中，形成褐色。年代越久，顏色越深。有顏色的更受歡迎，目前釀酒廠都使用焦糖加色。

目前世界最好的白蘭地產地，是法國夏朗德省的干邑周圍地區和熱爾省的亞文邑（Armagnac，阿馬尼亞克）地區，這些地區傳統上是生產白蘭地，酒廠年代久遠，因此有用老酒勾兌，價格也昂貴。

世界著名的白蘭地品牌如下：豪達（Otard）、軒尼詩（Hennessy）、卡慕（Camus）、馬爹利（Martell）、御鹿（Hine）、人頭馬（RemyMartin）、路易老爺（LouisRoyer）、拿破崙干邑（Courvoisier）、百事吉（Bisquit）。

白蘭地的營養價值，國內外一些藥物和營養學專家指出，經常飲用白蘭地可幫助胃腸消化。秋天飲用白蘭地，可以驅寒暖身、化瘀解毒，對流行性感冒等病癥有解熱利尿之功效。白蘭地還是一種心臟興奮劑和調節器，是有效的血管擴張劑。歐洲有一些國家的醫生幫心血管病人開藥時，往往會開一些白蘭地，因為白蘭地能提高心血管的強度，所以有人又稱白蘭地是心血管病人的良藥。

白蘭地的食療功效，可幫助胃腸消化、驅寒暖身、化瘀解毒、解熱利尿，是有效的血管擴張劑，能提高心血管的強度，是心血管病人的良藥。

台灣對白蘭地的定義，是以水果為原料，經發酵、蒸餾、貯存於木桶6個月以上，其酒精度不低於36度之蒸餾酒。如果水果經發酵製成酒後，再用蒸餾方式所獲得的蒸餾酒，總稱為白蘭地。目前僅稱為白蘭地名詞的酒，表示所使用的原料為葡萄。但如果是以其他水果做原料時，則在白蘭地前應加上水果名，如鳳梨白蘭地。栽植葡萄，生產葡萄酒的國家，理所當然的也會製造白蘭地酒。白蘭地與威士忌同具強烈的個性，但從高級品至普通品，品級之多卻遠在威士忌之上。當然需視個人需求來購

買使用等級，但以普通常識而言，配方上指定康尼也克（Cognac）高級白蘭地時，多以三星級做標準。在法國，是將白蘭地視同良質的利口酒，並作為雞尾酒的基酒，因此以適合的水果或水果利口酒等來搭配、調製，必能獲得風味獨特的雞尾酒，而使白蘭地的利用價值更趨廣泛。

蒸餾酒的酒精度

　　一般釀造酒的酒精度，穀類釀造酒在中國大約以酒精度 16 度為界限，如紅麴酒、黃酒、紹興酒，在國際上則以 12 度的釀造酒居多，如水果酒、紅酒（紅葡萄酒），一般標示都是 12 度。這些釀造酒在發酵過程中，不見得就一定會產生如此精準的酒精度，會有高有低，必須調整酒精度，讓酒質標準化，也方便各國政府課酒稅。調整的過程就必須要有高度酒，最簡單就是用食用酒精去調整，最好則是用自己釀的酒品，透過蒸餾手段，提升並濃縮出一些高度酒來調整。所以蒸餾酒酒精度的高低與使用者的方便性有很大關係，也與價格成本有很大關係。若要考慮長途運輸，一定是高度酒才會降低成本；若要保存，也是高度酒才不會佔據空間與貯存成本。

　　另外，若要考量市場的需求性，進口調酒市場用的香味水果酒及色澤水果酒，其酒精度較低，大都標示 25 度，例如法國 MarieBrizard 酒廠的水果酒。否則，將酒精度提高一倍時，一瓶可當兩瓶用，既可省運輸成本，也可省酒稅及倉儲成本，為何不如此處理？

· 蒸餾酒（白酒）酒精測定法——

〈材料設備〉

· 100cc 欲測酒精度的酒樣品
· 100ml 的玻璃量筒
· 0 ～ 50 度和 50 ～ 100 度的酒精垂度計 1 組
· 10 ～ 100℃ 溫度計 1 支
· 20℃ 基準的酒精度與溫度校正表 1 份
· 500ml 或 1000ml 容量的實驗室玻璃蒸餾器 1 組

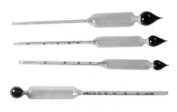

酒精垂度計

〈操作方法〉

1. 先取欲測的酒液 100ml，裝至 100cc 的玻璃量筒中。

2. 將溫度計放入量筒中測出欲測的酒液溫度，記錄下來。取出溫度計。

溫度計

3. 將適當濃度範圍的酒精垂度計放入欲測的酒液中，同時轉動酒精垂度計甩開多餘的水，等酒精垂度計停止不動時，即可記錄與酒液平行之酒精垂度計刻度。

酒精垂度計

4. 然後以此兩數據（酒溫度、酒精度）查「酒精度與溫度校正表」換算出正確之酒精度。查表時先查看上面的欲測的酒液所測出的酒精度，然後再對照查看左邊欲測的酒液所測出的酒溫度，以對照出數據的橫軸與縱軸所交叉的數字即為真正的酒精度。

酒精度

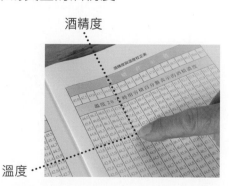

溫度

·釀造酒、果酒、蔬酒、有顏色的酒精測定法——

一般實驗室用的蒸餾設備，主要是透過蒸餾手段，用於檢測釀造酒或有顏色的酒內含多少酒精度。

〈材料設備〉

1. 玻璃煮鍋容器，一般有 500ml 及 1000ml 兩種容量。

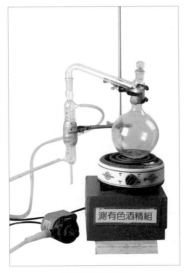

玻璃煮鍋器

2. 玻璃冷凝器：有蛇管式及直管式，大小與冷凝效果有關。

玻璃冷凝器

3. 加熱器：早期是用酒精燈加熱，現代大都用電加熱，差異只是加熱效果好壞快慢，這與投入的成本有關。

4. 支撐固定的支架，依個人需求來設計。

〈操作方法〉

1. 先取欲測的釀造酒、果酒、蔬酒、有顏色的酒液 100ml。

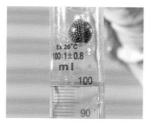
以 100ml 酒液倒入量筒中測酒精度

2. 利用實驗室玻璃蒸餾器，將釀造果酒酒液 100ml 加入蒸餾水 100ml 一起蒸餾，蒸餾後並收集 100ml 酒液，若收集在 95ml 以上而未達 100ml 時，可再加蒸餾水將冷凝管底端的殘液洗至接收瓶，補足至 100ml，徹底混勻，將蒸出液倒入量筒中。若起泡性大的水果酒液，可加一滴消泡劑。

3. 先以溫度計測出欲測酒液當時的溫度，並記錄下來。

4. 將適當濃度範圍的酒精垂度計放入欲測的酒液中，同時轉動酒精垂度計，甩開多餘的水，等酒精垂度計停止不動時，即可記錄與酒液平面同高之酒精垂度計刻度。

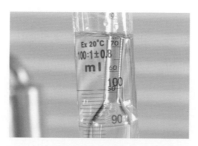
與酒液平面同高的垂度計刻度即酒精度

5. 然後以此兩數據查「酒精度與溫度校正表」，換算出正確之酒精度。

6. 查表時，先對照表上面欲測酒液所測出的酒精度，然後再查看左邊欲測酒液所測出的酒溫度，對照橫軸與縱軸所交叉的數字即為真正的酒精度。

〈注意事項〉

· 操作前要檢查蒸餾器的各玻璃器材連接處（尤其是冷凝管處）是否緊密。

· 接收瓶可置於水浴中，冷凝管要有足夠的冷凝力讓酒液冷卻。

· 當揮發性酸度超過 0.1%，SO_2 含量高於 200mg ／ L，會干擾此法，故需先將預備測的樣品酒液中和，再行蒸餾。

～ 蒸餾酒的存放 ～

在世界各地，蒸餾酒的存放與熟陳有關，只要是窖藏的酒，一定比在地面存放的酒要有價值。若有財力，投資現代科技化的恆溫、恆濕保存設備，一定比無此設備要好。基本上酒的存放與微生物有關，隨時要考慮到微生物不耐多少度以上的酒精度，就可以讓酒久存不壞，自然就可以永久保存。另外要考量儲存的設備條件與保存容器的問題。像台灣的台菸酒公司出品的料理米酒，酒精度只有 19.5 度，同樣是 600cc 容量，若裝在寶特瓶，其市場上標示的保存期限是一年，若裝在茶褐色的玻璃瓶中，其市場標示的保存期限是無限期，這明顯與容器有關。有些酒為什麼要裝在有顏色、不透光的瓶中，而有些用透明的容器就可以？這些都需要專門的實驗數據或經驗準則來判斷決定。

蒸餾設備介紹

·家庭蒸餾設備製作使用（傳統天鍋型蒸餾器操作要領）——

台灣傳統天鍋蒸餾器，係出自古聖先賢的結晶，祖先由釀酒過程的體驗成果，依實務經驗及科學理論設計等比例、適合台灣早期民間釀酒的大灶蒸餾。

由於現代家庭廚房皆採瓦斯爐，也採用標準流理台，因設有抽油煙機，爐具高度就會受限制，故目前家庭用的釀酒蒸餾器縮小至不超過 75 公分高度（全高約 60 公分），全套捨棄早期用的鋁製材質，採用 304 不鏽鋼。為考慮家庭 DIY 實用性，底鍋採用現成的家庭通用尺寸（直徑 34 公分），除可做蒸餾鍋外，也可直接做發酵鍋用，不釀酒時亦可做一般煮鍋使用，一舉數得。天鍋為純手工精製，不僅非常實用，亦可當裝飾擺設。若連續蒸餾，半斗的天鍋蒸餾器一天可生產出約 30 ～ 40 瓶 40 度的酒，不但可自用，也可解決購買蒸餾酒時的高價及假酒問題。（政府現行的釀酒法令，開放民間自用釀酒一戶家庭一次釀酒 100 公升之內不罰的規定）

傳統天鍋蒸餾器

〈操作方法〉

1. 第一次使用天鍋時，請先用洗碗精洗淨，並用清水或洗米水先蒸餾 1 ～ 2 次，以消除新鍋的不鏽鋼味。

使用天鍋前先用洗碗精洗淨

2. 天鍋與底鍋結合或清洗時，請避免撞凹，造成不密閉現象。

天鍋與底鍋結合要密閉

3. 出酒口套上所附之矽膠軟管,軟管頭放於盛酒容器上面即可。出酒口軟管千萬不要插到盛酒容器底部,以避免出酒不順及產生鍋壓。

出酒口套上矽膠軟管

4. 底鍋內的酒糟在加熱前,要先攪勻,可避免蒸餾時,因酒糟長期沉底燒焦情形。

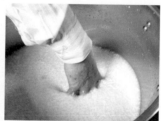

酒糟加熱前要先攪勻避免燒焦

5. 先用瓦斯大火煮滾,出酒後改小火蒸餾。大火是指瓦斯火焰燒到鍋底邊緣,如已熟悉蒸餾操作時,小火也可改用中火蒸餾,可縮短蒸餾時間。

出酒後改小火蒸餾

6. 從水龍頭接水管到冷卻入水口,讓冷水直接流至天鍋上底部,另接冷卻出水口水管,可接至水桶、水槽、浴缸、洗衣槽,以方便回收再利用。

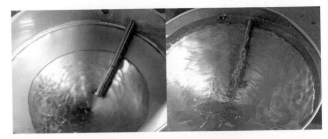

冷水直接流至天鍋上底部

另接冷卻出水口水管　　接至水桶、水槽等處再利用

7. 控制冷卻水進出的流水量及速度,以維持天鍋內的冷卻水不發熱為原則。

8. 由於操作方式及設備的不同,出酒的酒精度約在 35 度就會有混濁現象,要適時斷酒尾,換新盛酒容器,可繼續收集酒液到 10 度左右才停止。

出酒酒精度約 35 度會有混濁現象

〈注意事項〉

· 出酒時，先用小酒杯收集前 2% 的酒液，不要混用（半斗蒸餾器用生米量 3.5 公斤，去 2%，即為 70cc），以避免收集到甲醇及雜醇類物質（會產生隔夜宿醉頭痛問題），之後再用正式盛酒容器裝酒。為避免出酒酒精揮發，可在盛酒容器與軟管間用乾淨濕布蓋住，阻止酒精外洩。

用小酒杯收集前 2% 的酒液。

可在盛酒容器與軟管間用乾淨濕布蓋住。

· 出酒酒精度會從 70 多度逐步下降至 45 ～ 35 度時，要注意避免出酒會混濁，若要釀出好酒，此時千萬不可離開，否則只要幾分鐘就會造成混濁。

出酒酒精會逐步下降至 45 ～ 35 度

‧冷卻水要控制好，出酒溫度越低，酒質會較好，最好水溫溫度不要超過 30℃。

‧不熟悉新鍋時，最好即早斷酒尾(1台斤米可蒸餾出1台斤 40 度的酒，或回收酒醪容量的三分之一，即不再收酒液或換裝酒器)，以防止不熟悉新鍋的殘水量而燒焦。

‧底鍋也可做發酵桶用，但要特別洗淨，不要有油的殘留。

‧天鍋與底鍋連結之處，若因使用太久或摔凹會漏氣時，外面可用膠帶阻防止漏氣，或用濕布圍緊，也可以用紗布塞住邊邊。

天鍋與底鍋連結之處可用膠帶防止漏氣

‧收集的酒有濁度時，不會影響酒質，只要靜置 15 ～ 30 天，酒也會澄清。

靜置後酒會澄清

· 直管式不鏽鋼 2 斗或 5 斗加高四件單層製酒蒸餾機——

〈功能〉

1. 本製酒蒸餾機，為精心研發改良的四件式不鏽鋼、瓦斯直火加熱全套設備（爐架＋桶身＋過濾網＋桶蓋，含直管式冷凝器）。

2. 用不鏽鋼爐架取代傳統的爐灶、不鏽鋼桶身取代傳統的大鐵鍋。特製的不鏽鋼桶蓋連接直管冷凝器、方便縮小冷凝器，整座體積取代傳統的龐大蒸餾冷凝器。

直管式不鏽鋼 2 斗蒸餾機

機組有附過濾網

3. 本機組有附過濾網，將酒糟與酒液分離，除預防酒醪燒焦外，另一功能可用於酒類串香或精油萃取操作。

4. 此型製酒蒸餾機，非常適用於小型酒廠、居家自用、餐廳、飯店、燒酒雞店、薑母鴨店、羊肉爐店等，不占空間、美觀實用、蒸餾時間短、出酒率高。

〈使用方法〉

1. 本機組的一次蒸餾量和一次發酵酒醪，若70公升容量的2斗蒸餾機，以生米量25台斤為最佳；175公升容量的5斗蒸餾機以生米量55台斤為最佳。

2. 通常25台斤米發酵，加水1.5倍，一次蒸餾時間約2.5～3.5小時；55台斤米發酵，加水1.5倍，一次蒸餾時間約2.5～3.5小時。

3. 一次蒸餾的出酒量約25台斤或55台斤（收酒精度75～20度，綜合約38～42度）。

4. 2斗機組，若一天蒸餾3～4次，可達100台斤之酒量。加以稀釋至20度紅標米酒，可達200台斤，約米酒瓶200瓶。

〈操作方法〉

1. 新鍋時，先用沙拉脫洗乾淨，然後用乾淨水蒸餾，可將不鏽鋼味蒸餾去除。

2. 將冷卻水從底部水管接進水口，另一水管接出水口，回流於水桶中，其作用為冷凝或冷卻用水，可接水管於水龍頭出水口，或必要時加冰塊於冷水回收桶降溫。若出酒口會冒煙，則表示冷卻水進水太小或火候太大。

底部水管接進水口　　　　上部水管接出水口

3. 注意瓦斯的大小火，用火原則是大火煮滾，中小火蒸餾。火候控制可參考蒸餾器鍋頂的溫度計，以 90 ～ 95℃ 為最佳。溫度表因與酒醪有距離，故溫度顯示 90℃ 才會出酒【酒精的沸點是 78.4℃，水的沸點是 100℃】。

注意瓦斯的大小火　　　參考蒸餾器鍋頂的溫度計　　　溫度顯示 90℃ 才會出酒

4. 拆卸鍋蓋及冷凝器時，要特別注意管路溫度，避免被燙傷。最好再自製吊繩，以升降或左右移動方式控制鍋蓋及冷凝器，可方便操作。

拆卸鍋蓋及冷凝器　　　　　　　特別注意管路溫度

5. 2 斗加高機組的特色可作為固態蒸餾酒用。若用在液態蒸餾時，最高可蒸餾達 3 斗的容量，即一次發酵可達 34.5 台斤米量，初期請用 25 台斤米發酵蒸餾，熟練後再增量。

6. 蒸餾時，請在出酒初期，先去甲醇。記得先收取最初剛出酒2%的量（以生米量計），此時甲醇含量最高，不要拿來飲用。25台斤米的2%，即去除300 cc的量，以此類推。

出酒初期

去甲醇

收取最初剛出酒2%的量

7. 蒸餾前，將酒醪倒入的動作，可防酒醪停留鍋邊或鍋底過久而容易燒焦。

8. 過濾網下方的矽膠圈要記得放入正確的位置，可讓蒸氣集中。清洗時，可拔開清洗。

· 直管式不鏽鋼 5 斗四件雙層製酒蒸餾機——

防止酒醪停留在鍋邊

〈功能〉

1. 雙層製酒蒸餾機，為精心研發改良的四件式不鏽鋼、瓦斯直火加熱全套設備（爐架＋雙層桶身＋桶蓋含直管式冷凝器）。

2. 採用不鏽鋼爐架取代傳統的爐灶，以不鏽鋼桶身取代傳統的大鐵鍋。特製的不鏽鋼桶蓋連接直管冷凝器、方便縮小冷凝器，整座體積取代傳統的龐大蒸餾冷凝器。

3. 有雙層製酒蒸餾機，非常適於蒸餾釀造水果酒，如：葡萄酒、楊桃酒、草莓酒等。通常水果酒的果膠較多，發酵液較具黏性，若用單層蒸餾器，因爐火直接加熱，火候不好控制，容易產生鍋貼（焦味），而雙層製酒蒸餾機，則以隔水加熱的原理，內桶溫度不超過 110℃，蒸餾出的水果酒自然

不會有異味或焦味。

4. 本製酒蒸餾機，非常適用於小型酒廠、居家自用、餐廳、飯店、燒酒雞店、薑母鴨店、羊肉爐店等，不佔空間、美觀實用、蒸餾時間短、出酒率高。

〈使用方法〉

1. 本機組最佳的一次蒸餾量、一次發酵酒醪，為生米量的 50 台斤。

2. 通常 50 台斤米發酵時，加水 1.5 ～ 3 倍，一次蒸餾時間約 4.5 ～ 5.5 小時。

3. 一次蒸餾的出酒量約 50 台斤（酒精度 75 ～ 20 度，綜合約 38 ～ 42 度）

〈操作方法〉

1. 新鍋時先用沙拉脫洗乾淨，然後先用冷水蒸餾，可將不鏽鋼味蒸餾去除。

2. 冷卻方式可用兩種方式：準備中型沉水幫浦沉於冷水中，水管接進水口，另一水管接出水口，回流於水桶中，其作用為冷凝或冷卻用水。必要時可直接接水管於水龍頭出水口，或加冰塊於冷水回收桶降溫。

3. 注意瓦斯的大小火，用火原則是大火煮滾，小火蒸餾。火候控制看蒸餾器鍋頂的溫度計，以 90 ～ 95℃ 為最佳。【酒精的沸點是 78.4℃，水的沸點是 100℃】。

4. 雙層蒸餾機的使用要特別注意，外鍋每次蒸餾前要補充加水，內鍋底部的蒸氣出口注意要清洗，避免堵塞出蒸氣口。千萬不要被堵塞，如此

才可節省能源，加速出酒速度，而且有足夠的蒸氣噴出造成氣旋，推動底部酒醪旋轉，才不易讓酒醪停住不動而粘鍋。

5. 拆卸鍋蓋及冷凝器時，要特別注意管路溫度，避免被燙傷。最好再自製吊繩，以升降或左右移動方式控制鍋蓋及冷凝器，可方便操作。

6. 雙層蒸餾機蒸餾完成時，務必先將洩氣閥打開，將夾層鍋內的蒸氣先排出，如此可避免夾層鍋內的壓力太大而造成雙層鍋變形。

早期第一次接觸到此雙層蒸餾機時，發現發明此設備的真是高手，內鍋底部設有三個噴氣口，可讓酒醪隨著噴出的蒸氣，順方向推轉酒醪而不會沉底。外鍋額外加水管，可隨時觀察及補充不足的水量，是設備便宜又可以用直火加熱的小型蒸氣蒸餾機。唯一可惜的是，這雙層蒸餾機鍋身的不銹鋼片太薄，蒸餾完成時，務必先將洩氣閥打開，將夾層鍋內的蒸氣先排出，如此可避免夾層鍋內的壓力太大而造成雙層鍋變形。以前曾看到很多台此型的雙層蒸餾機，因為操作者沒注意到蒸餾完畢後須小心完成洩氣動作而常常造成鍋體變形，無法再使用。

·家庭簡易鍋具蒸餾法──

下面介紹的是在沒有正式蒸餾設備的情況下，又想完成酒的蒸餾，可利用家中的鍋子及碗、臉盆或笛音壺及玻璃蛇管來做出簡易的蒸餾方式，不建議用此做蒸餾，但可嘗試，因此瞭解蒸餾的過程，小心控制火候。

一·利用鍋、碗、盆的方法

〈器材〉

· 發酵好的酒醪 1 罐
· 30 公分高湯鍋 1 個

· 瓷碗公1個

· 不銹鋼盆1個

· 瓦斯爐設備1組

〈操作方法〉

1. 將發酵好的酒醪倒入湯鍋中，取一個瓷碗公放入湯鍋中間，酒醪的高度不要超過碗公高度的1／3，以避免酒醪煮滾時，跑進碗公內。如果有其他瓷碗可將碗公墊高。

 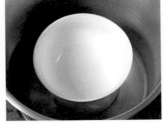 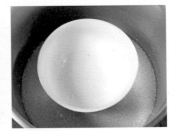

取一個瓷碗公放入湯鍋中間　　　　　酒醪的高度不要超過碗公高度的1／3

2. 湯鍋上面放上半圓形不銹鋼盆，底部在下，壓住鍋口，盆內加滿冷水，當做蒸餾時的冷卻器。在蒸煮過程中，若盆內的水變熱時，要勤快舀水換入新冷水降溫。

湯鍋上面放上半圓形不銹鋼，　　　　舀水換入新冷水降溫
盆底部在下

由於無法看到出酒狀況，所以要趁換水的同時，掀開鋼盆看瓷碗內的回收酒量或酒精度高低。

二‧利用笛音壺的方法

〈器材〉

·發酵好的酒醪 1 罐
·壺口是直管的笛音壺 1 個
·玻璃製蛇冷卻器管 1 支
·加熱設備 1 組（瓦斯爐或電磁爐、電熱爐）

笛音壺

〈操作方法〉

1. 將發酵好的酒醪倒入笛音壺中，注意酒醪的高度不要超過壺嘴高度的 2 ／ 3，以避免酒醪煮滾時，跑出壺出口。

2. 壺出口塞入矽膠墊片連接彎管，另一端連接玻璃蛇管冷卻器，最後接上玻璃蛇管的冷卻用進水及出水，蒸餾時要先開冷水冷卻，在蒸煮過程中，要隨時注意會不會焦鍋。

壺出口塞入矽膠墊片，連接　　彎管連接玻璃蛇管
彎管　　　　　　　　　　　冷卻器

〈注意事項〉

· 冷卻用連接的矽膠軟管，最好用長一些，可遠離火源較安全。

· 蒸餾時操作的火不要開太大。

蒸餾操作技巧

原先規畫在本章介紹分餾蒸餾器與低壓蒸餾器的原理與操作技巧，後來發現此部分太專業，工程浩大又不實用。需要使用此一器具是專業酒廠裡的極少數技術人員或提供設備的廠商，而且也超出我的能力及這本蒸餾書的範圍，因此建議對此部分有興趣的讀者，請參考由中國輕工業出版社出版、許開天先生著作的《酒精蒸餾技術》。

這本蒸餾技術專業書，書頁達 436 頁，內容共 13 章，內容包含酒精蒸餾技術的發展簡史、實施酒精蒸餾工程的核心 - 酒精質量標準、酒精蒸餾的安全技術問題、酒精分離純化的理論和實驗依據、酒精蒸餾工藝路線的選擇、酒精蒸餾的主要工藝裝備、酒精蒸餾的輔助工藝裝備、酒精蒸餾的工藝操作及提高質量的途徑、酒精蒸餾過程中可能發生的不正常現象及其原因和處理方法、無水酒精的製造、酒精蒸餾過程中的節能問題、酒精精餾過程的自動化控制和管理、特殊形式的酒精精餾等，供有需要的讀者進一步參考。

含鹽料理米酒簡易除鹽法

台灣料理米酒加鹽的做法，是早期政府考量民眾用米酒做料理的需求量很大，又因當時台灣要加入 WTO，與國際接軌，屬於蒸餾酒的米酒因

價格低於國際行情，被迫須調整課高額酒稅。但是，當時台灣市場對於為了降價而加鹽的料理米酒，接受度普遍不高，米酒加入少許鹽，風味就不一樣，而且在料理上也出現不好處理，像台灣女人坐月子常喝的客家雞酒用 20 度純米酒煮，傳統上的雞酒煮法是不加鹽的，於是民間羊肉爐、燒酒雞業者曾流行以米酒除鹽法來合法節省酒稅，降低 20 度米酒的使用成本。

米酒除鹽的作法，是將台菸酒公司出品的 40 度或 20 度加鹽料理米酒，以蒸餾設備再次蒸餾，即可將酒精與鹽水分離，還原成無鹽分的米酒。

實務上，依比例將 1000cc 的料理米酒，透過再蒸餾的方式，取前段共 580cc 的酒液即斷酒尾，其他剩下的為鹽水，不要收集混到。這些剩下的鹽水不要丟棄，可醃漬蔬菜水果來殺菌，或做沾料用。用此方式再蒸餾回收 58% 以下的酒液，其回收酒液之酒精度就會自然提高到 75 度或 37 度，之後再利用蒸餾水或冷開水依比例稀釋，即可恢復為 20 度米酒。

何謂串蒸酒與串蒸酒的處理方法

串蒸酒，是再次蒸餾的升級版，除了將釀好的酒蒸餾，或將蒸餾過的酒再次蒸餾外，還可以加入不同原料一起處理，經過調配或蒸餾後，產生或增強成新的特殊酒品，一方面可提升酒精度，另一方面可避免添加人工香精或香料，製造出天然的酒品，對於改善酒質或快速開發新酒品有相當的幫助。

米酒（串蒸用的基礎酒醪）

　　當米酒依一般正常工藝及蒸餾程序生產，發現品質不如當初所設定的目標時，除了用過濾，或加活性碳設備，或添加香精的方式改進外，最簡單的就用串蒸的方式製造出新酒品。即使添加香精、香料，經過串蒸，雖然會損失一些香氣，但留下來的酒液已與串蒸基酒融合為一體，讓人喝起來不會有假假的感覺。所以台灣民間早期，因為不容易買到大量的食用酒精，而且米酒產量很多，所以都用米酒作為串蒸的基酒。一般都是在發酵好的米酒醪進行蒸餾時，加入其他原料一起蒸餾，蒸餾出來的酒就成為另一種酒。我在職業訓練傳授釀酒這部分，教學員做最多的是薑酒、馬告酒、刺蔥（達那）酒、土肉桂酒、迷迭香酒、薰衣草酒，只要是可食用又有香氣的花草，皆可以做串蒸，非常方便。不一定要先一起發酵再蒸餾，可在蒸餾前再放入即可。

🍶 米酒製法（串蒸法）

成品份量　40度米酒7台斤（4200g）

製作所需時間　夏天7～10天
　　　　　　　冬天10～15天
（若要香醇些，最好拉長發酵時間）

材料　· 蓬萊米7台斤（4200g）
　　　· 今朝酒麴21g（依酒麴品
　　　　牌不同而調整、依比例放
　　　　大生產量）

工具　直徑34公分不銹鋼鍋
　　　封口布

步驟

1 蓬萊米用水洗淨，浸泡4小時以上，放入蒸斗，蒸煮。

2 將浸泡好的蓬萊米蒸煮熟透。米飯要熟、要飽滿鬆Q又不結塊為適中。

3 先將酒麴撒鬆混勻，再放入佈菌罐（以方便米飯每粒均勻接觸到菌粉為原則）。

4 將煮好的蓬萊米飯直接放置於盆中攤平放涼，等到米飯降冷至溫度 35℃時，先調整飯的溼度，並利用已裝好酒麴的佈菌罐撒菌，平均佈菌於米飯上。

5 將佈好酒麴的飯放入不銹鋼的發酵鍋，混勻鋪平（不要壓實），最後將飯中間扒出一凹洞成 V 字型，除可幫助發酵外，以方便每日觀察米飯出汁狀況及加水用。

6 再用鍋蓋或另用透氣白布（白布越密越好）蓋住鍋口，外用橡皮材質繩套緊，以防外物昆蟲、蟑螂爬過或侵入，注意要保溫在 25 ～ 30℃左右。

7 約 72 小時後，即需加第一次水，加水量為生米重量的 1.5 倍，即 6300 cc 的水。第一次只加水 2100 cc，不要去攪動酒糟以免破壞菌象。隔 8 小時後再加第二次水 2100 cc，再隔 8 小時再加第三次水 2100 cc，此時可以攪動酒糟混勻。

9 底鍋內的酒糟在加熱前，要先攪勻，可避免蒸餾時因酒糟長期沉底而出現燒焦的情形。

8 發酵期夏天約為 7 ～ 10 天，若冬天約需 10 ～ 15 天。 冬天溫度較低，發酵時間需長些，夏天溫度高，發酵時間太長，若溫度太高容易變酸（完成時酒精度約 14 度）。

10 先用瓦斯大火煮滾，出酒後改小火蒸餾。大火是指瓦斯火焰燒到鍋底邊緣，如已熟悉蒸餾操作時，小火也可改用中火蒸餾，可縮短蒸餾時間。

11 從水龍頭接水管到冷卻入水口，讓冷水直接流至天鍋上底部，另接冷卻出水口水管，可接至水桶、水槽、浴缸、洗衣槽，以方便回收再利用。

12 控制冷卻水進出的
流水量及速度，以
維持天鍋冷卻水不
發熱為原則。

13 由於操作方式及設
備的不同，出酒的
酒精度約在 35 度就
會有混濁現象，要
適時斷酒尾，換新
盛酒容器，可繼續
收集酒液到 10 度左
右才停止。

<h2 style="text-align:center">〈 注意事項 〉</h2>

製作酒醪的觀察

◆ 撒酒麴混勻入發酵罐 24 小時後，即可觀察到飯表面及周圍會出水，此是澱粉物質被根黴菌糖化及液化現象，至發酵72小時已完成大部分的糖化。故此時出水之含糖分甜度很高。〔糖度約達 30 ～ 40 度〕

◆ 加水一起發酵，加水用乾淨之水為原則。加水的目的，除稀釋酒糟糖度以利酒用微生物利用外，另有降溫作用及避免蒸餾時燒焦的作用。加水量以原料米量的 1.5 倍為原則，加少在蒸餾時可能容易燒焦，加多則在蒸餾時容易浪費能源。

◆ 好的酒醪應該有淡淡的酒香及甜度。〔酒醪可蒸餾時的糖度約在 5 度左右〕

◆ 裝飯容器及發酵容器一定要洗乾淨，不能有油的殘存，否則會失敗。

◆ 酒麴的選用，如果用得恰當及適量，則沒有霉味產生，而且發酵快、出酒率高。

◆ 發酵溫度太高或太低都不適合酒麴生長，高容易產酸，發酵期溫度管理很重要。

◆ 當酒醪變成液體與固體分離，且液體已澄清，不管是否仍有酒糟浮在上面，表示此時的發酵已結束，可以進行蒸餾作業。

蒸餾觀察

◆ 發酵完成後，即可利用 DIY 天鍋套入發酵用的不鏽鋼鍋蒸餾。同時要接上冷卻用的進水管與排水管，以促使出酒溫度盡可能降低至 30 度以下。7 台斤米與水發酵成的酒糟大約需 1 小時多的蒸餾時間，正確的蒸餾時間是依各設備及瓦斯爐而定。蒸餾用火的原則，是用大火煮滾酒醪（要防止焦鍋），中、小火蒸餾（注意酒精（乙醇）的沸點是 78.4 度，甲醇的沸點是 63.5 度），蒸餾時一定要先去甲醇。

高粱酒

　　高粱酒用固態發酵生產再蒸餾，所釀出的高粱蒸餾酒才會香醇。可惜台灣民間早期受限於設備，大都是用液態高粱發酵或半固態高粱發酵，蒸餾後的高粱酒往往風味不足，事後添加香精補足香氣，卻發現不耐久放，容易還原成原來的風味。如果蒸餾時就添加補足香精、香料，再經過串蒸，雖蒸餾過程中會損失一些添加的香氣，但留下來的已與串蒸基酒融合為一體，讓人喝起來不會有假假的感覺，而且添加大陸各香型酒的主體香精，就會產出類似的酒品，讀者有興趣不妨試試看。

台灣的半固態發酵蒸餾酒，以高粱酒居多，它的製程如下：

（紅、白）高粱 → 清洗浸泡 → 蒸煮 → 高粱飯 → 攤涼 → 第一次加酒麴拌勻、覆蓋、不密封發酵 → 第三天加水、加生香酵母攪拌均勻 → 第四天起密封發酵 →（發酵至第 12～15 天）第一次連糟蒸餾 → 頭鍋蒸餾酒 → 酒糟去糟水 → 高粱乾酒糟 → 攤涼 → 第二次加酒麴拌勻、覆蓋、不密封發酵 → 第三天加水、加生香酵母攪拌均勻 → 第四天起密封發酵 →（發酵至第 12～15 天）第二次連糟蒸餾 → 二鍋蒸餾酒 → 酒糟去糟水 → 高粱乾酒糟 → 攤涼 → 第三次加酒麴拌勻、覆蓋、不密封發酵 → 第三天加水、加生香酵母攪拌均勻 → 第四天起密封發酵 →（發酵至第 12～15 天）第三次連糟蒸餾 → 三鍋蒸餾酒 → 成品（頭鍋酒、二鍋酒、三鍋酒）調和與丟糟。

台灣半固態發酵高粱酒製法（串蒸法）

成品份量　50 度高粱酒 300g

製作所需時間　1 個月

材料　· 紅高粱 600g
　　　· 酒麴 5g

工具　1800cc 發酵罐

步驟

1 紅高粱先經洗淨、浸泡，夏天浸泡 1 個晚上，冬天浸泡 1 天，中間最好每 4 小時換水 1 次。一般作法是將紅高粱洗淨就直接浸泡 1 天、中間換水洗淨，再以燜煮法煮（可以節省能源）。

2 將高粱蒸煮熟透，
高粱殼需裂開，以
方便高粱發酵時易
於被糖化。攤涼。

3 將 0.7％的酒麴拌入
已煮熟且已冷卻的
高粱中，放入發酵
罐中。酒醪不要壓
緊，要鬆散，並在
發酵桶上覆蓋塑膠

布，盡量使發酵桶
密封。

4 第二天，先翻酒醪1
次，讓空氣隨著翻
拌料進入，促進菌
類繁殖再密封。酒
醪的發酵溫度以 25
～ 30 度為宜。夏天
發酵 14 ～ 16 天，
冬天發酵 16 ～ 20
天，即可進行第一
次蒸餾。

5 底鍋內的酒糟在加
熱前，要先攪勻，
可避免蒸餾時，因
酒糟長期沉底燒焦
情形。

6 先用瓦斯大火煮滾後，出酒後改小火蒸餾。大火是指瓦斯火焰燒到鍋底邊緣，如已熟悉蒸餾操作時，小火也可改用中火蒸餾，可縮短蒸餾時間。

8 控制冷卻水進出的流水量及速度，以維持天鍋冷卻水不發熱為原則。

7 從水龍頭接水管到冷卻入水口，讓冷水直接流至天鍋上底部，另接冷卻出水口水管，再接至水桶、水槽、浴缸、洗衣槽，以方便回收再利用。

9 由於操作方式及設備的不同，出酒的酒精度約在 35 度就會有混濁現象，要適時斷酒尾。

換新盛酒容器，可繼續收集酒液到 10 度左右才停止。

10 蒸餾後的酒糟，可再加 0.7％酒麴（或用大麴 6％），繼續進行第二次發酵 15 天，再蒸餾所得之酒稱二鍋頭。

11 將第二次蒸餾後的酒糟，再加 0.7％的酒麴（或用大麴 5％），繼續發酵 15 天，再蒸餾所得之酒稱三鍋頭。

12 進行第二、三次發酵時，最好可另加入一半新的煮熟高粱原料或額外加糖一起發酵。

〈 注意事項 〉

◆ 高粱酒一般以最先蒸餾出之酒頭、含酒精度 65 度以上的為大麴酒。55～60 度的為高粱酒。酒尾部分的出酒，可進行第二次蒸餾，以提高酒精度及清淨度。

◆ 高粱酒用的酒麴，可影響其出酒風味。台灣民間因高粱酒生產量少，而且運輸成本貴，較少從大陸進口大麴，一些合法酒廠用的大麴，大部分都是台菸酒公司的早期退休技術人員所生產賣的，或技術移轉，故若用一般米酒用的或穀類酒用的酒麴也是可行，只是因配料的不同與發酵方法的不同，出酒後之風味會不太一樣，但都會偏屬於清香型的高粱酒，與大陸的濃香型不同。

◆ 若用小麴，只添加千分之 7～10，若用大麴需添加 15～17％，大麴用大麥、小麥、碗豆、小豆做成，除當菌種外，也當原料用。

〈 高粱飯的燜煮法 〉

◆ 凡是帶有硬殼的穀類皆可適用此方法煮熟。例如：紅豆、綠豆、黃豆、
高粱。

◆ 先將原料洗淨浸泡 1 天以上。（若浸泡超過 1 天以上要記得換水）

◆ 浸泡後的原料，如果量有 10 杓，則須加水 10 杓一起煮。即煮的時候，
加水量為浸泡後原料的一倍。最好先用半倍的水量在鍋中煮滾，再加入
已浸泡的原料，如此比較均勻且不會焦鍋。

◆ 原料下鍋後，最好要隨時攪動避免焦鍋，等鍋中的水快要煮開時，就要
攪動原料，然後就蓋上鍋蓋再煮 5 分鐘熄火，用燜的，此時千萬不要打
開鍋蓋，燜上 20 ～ 30 分鐘。

◆ 30 分鐘後，打開鍋蓋，先徹底攪動原料，不要讓它焦鍋。再開火煮，
此時要特別注意水分是否太少，要不斷攪動直到剩下的水再次煮開為
止，再蓋上鍋蓋煮 5 分鐘，再次熄火燜上 20 分鐘，即可達到全熟的程度，
而且每粒原料皆已爆裂熟透。

〈 高粱粗粉碎的煮法 〉

◆ 利用粗粉碎機將高粱粗粉碎，再去蒸煮，蒸煮速度較快較均勻，有一定
規模的廠才可以用此法，最好有鍋爐設備。如果要用液態發酵高粱酒，
可用此法直接加水去煮熟放涼，再加酒麴去發酵。

薑酒

　　小時候，記得第一次食用的酒是媽媽煮的雞酒，而作為外傷用的酒是薑酒。冬天時有很多鄰居自己釀薑酒來補身體去除寒意，解決手腳冰冷的問題。因小時候筋骨不好，常常手腳扭傷，父親會載我去看跌打損傷師傅，師傅就會用薑酒或用老薑塊沾米酒推拿消炎，效果很神奇。

　　薑是一種原產於東南亞熱帶地區的植物，耕種起源於亞洲，並擁有悠久歷史，目前在印度、東南亞、西非和加勒比生產量也漸增長。開有黃綠色花，並有刺激性香味的根莖。新鮮的根莖或乾燥的根莖都可以作為調味品。薑經過泡製可作為中藥材，也可以沖泡為草本茶。薑汁亦可用來製成甜食，如薑糖、薑汁撞奶、薑母茶等。

　　中醫認為，薑性溫。乾薑性斂，對止腹瀉療效顯著。生薑則性散、降。可治療心痛難忍、胎寒腹痛、產後血痛、瘡癬初發。另外營養學方面，可對抗發炎、清腸、減輕痙攣和抽筋及刺激血液循環，是一種強的抗氧化劑，對於疼痛和傷口是一種有效的殺菌劑。可保護肝臟和胃，對治療腸道疾病、血液循環問題、關節炎、發燒、頭痛、熱潮紅、消化不良、孕婦晨吐、動暈症、肌肉疼痛、噁心和嘔吐很有幫助。（摘自維基百科）

🎏 台灣薑酒製法（串蒸法）

成品份量 約9台斤（5400g）

製作所需時間 1小時

材料 ・老薑1台斤（600g）
　　 ・米酒醪25台斤（15000g）

工具 蒸餾器

步驟

2 取適量的老薑，將
老薑洗乾淨，用刀
背拍碎、拍扁，放
入準備要蒸餾的米
酒醪中。

1 依自家蒸餾設備，
取適量可蒸餾的米
酒醪，備用。

3 接下來的動作與酒的蒸餾程序（可採用2斗蒸餾器蒸餾）相同。 底鍋內的酒糟在加熱前，要先攪勻，可避免蒸餾時，因酒糟長期沉底燒焦。

6 控制冷卻水進出的流水量及速度，以維持天鍋冷卻水不發熱為原則。

7 先去生米量2%的甲醇雜醇，才開始收酒液，可在酒精度10度時斷酒尾。

4 先用瓦斯大火煮滾，出酒後改小火蒸餾。大火是指瓦斯火焰燒到鍋底邊緣，如已熟悉蒸餾操作時，小火也可改用中火蒸餾，可縮短蒸餾時間。

5 從水龍頭接水管到冷卻入水口，讓冷水直接流至天鍋上底部，另接冷卻出水口水管，再接至水桶、水槽、浴缸、洗衣槽，以方便回收再利用。

8 若要薑酒味道更香一些，建議在酒精度 20 度即可斷酒尾，讓蒸餾出來的薑酒平均在酒精度 40 度以上。

〈 注意事項 〉

◆ 串蒸原料沒有一定的量，例如要薑味濃、有辣感，老薑可多加些；要順口好喝，薑就要適量。尤其每批薑的品質及老薑與嫩薑風味都不一定，一定要自己拿捏。

◆ 串蒸的薑酒較清香順暢。

台灣薑酒製法（釀造蒸餾法）

成品份量 約 12 台斤（7200g）

製作所需時間 1 個月

材料　·圓糯米 11.5 台斤（6900g）
　　　　·老薑 11.5 台斤（6900g）
　　　　·米酒酒麴 80g

工具　發酵缸、蒸餾設備

步驟

1 將圓糯米用水洗乾淨，浸泡 3 小時以上。

2 將浸泡好的圓糯米蒸煮熟透。熟米飯要飽滿鬆 Q 又不結塊為適中。

3 將蒸好的圓糯米直接放置於容積 18 斗大的塑膠桶內，放涼或直接攤平，用水沖涼瀝乾後，再放入 18 斗大的塑膠桶內備用。

4 等到飯降冷至溫度 30 ～ 35℃ 時，將酒麴撒入 18 斗大的塑膠桶，與飯混勻鋪平，以方便米飯均勻接觸到菌粉為原則。最後飯中間可扒出一凹洞，方便觀察米飯出汁狀況及加水，此為酒醪。

5 將薑洗淨，瀝乾，日曬 3 天乾燥後，將薑一起拍碎，隨第一次加水之同時，一起加入酒糟中發酵。

6 再用透氣白布蓋桶口，外用橡皮材質繩套緊，注意保溫在 30℃ 左右。

7 約 72 小時後，即需加第一次水，加水量為 6 台斤，同時加入已經日曬拍碎之薑，並攪動酒糟以混勻。隔 12 小時後再加第二次水為 6 台斤，再隔 12 小時加第三次水為 6 台斤，同時攪動酒糟（2 斗米共加 18 台斤的水）。

8 薑酒發酵期約為 21 ～ 30 天，冬天溫度較低，發酵時間需長些，夏天溫度高，發酵時間太長容易變酸。

〈 注意事項 〉

◆ 佈麴入缸 24 小時後，即可觀察到圓糯米飯表面及周圍會出水，此為澱粉物質被根黴菌糖化及液化的現象，至發酵 72 小時已完成大部分的糖化。故此時出水之甜度很高(糖度約 28～35 度)。

◆ 加水一起發酵，用乾淨之水為原則。加水的目的，除稀釋酒糟糖度利於酒用微生物被利用外，另有降溫及避免蒸餾時燒焦的作用。此時加水量以生米量的 1.5～2 倍為原則。加太少水，在蒸餾時可能容易燒焦；加太多水，則在蒸餾時容易浪費能源。

◆ 薑需曬過及拍碎後才有薑香味，好的酒糟應該有淡淡的酒香及甜度。

◆ 裝飯容器及發酵桶一定要洗乾淨，不能有油的殘存，否則會失敗。

◆ 酒麴如果用的恰當及適量，則沒有霉味產生，而且發酵快、出酒率高。

◆ 發酵溫度太高或太低，都不適合酒麴之生長，發酵期溫度的管理很重要。

◆ 發酵完成後，即可利用蒸餾器蒸餾。2 斗原料，大約需 3 小時多的蒸餾時間。蒸餾時間依設備而定，蒸餾的原則是「大火煮滾，小火蒸餾」。

肉桂酒

　　肉桂原產中國大陸，分布於廣西、廣東、福建、雲南等濕熱地區，其中尤以廣西最多。台灣、越南、寮國、印度尼西亞、斯里蘭卡等地亦有分布。肉桂大多為人工栽培，且以種子繁殖為主，這樣可使其後代保持親本的特性，以獲得枝下較高的樹幹，有利於剝取桂皮，因此在生產上很少用無性繁殖方法培育苗木種植。多於秋季剝取，刮去栓皮、陰乾。因剝取部位及品質的不同而加工成多種規格，常見的有企邊桂、板桂、油板桂、桂通等。

　　肉桂其樹皮、枝、葉、果、花梗都可提取芳香油或肉桂油，用於食品、飲料、香菸及醫藥，但常用作香料、化妝品、日用品的香精。樹皮出油率為 2.15％，桂枝出油率為 0.35％，桂葉出油率為 0.39％，桂子（幼果）出油率為 2.04％。

　　肉桂常用於提振居家或辦公室內的氣味，是很好的空氣清淨劑，也有抗菌功效。能減緩輕腹瀉及反胃的情形，緩和充血狀況，幫助末梢循環。可使身體溫暖以及增強消化作用，特別是在脂質代謝的方面，還能抵抗黴菌感染。對糖尿病、減重、酵母菌感染以及子宮出血等有效。

2002 年時，那時花蓮市農會邀請我到花蓮上假日班釀酒課程，一位在林務局上班的學員帶了一瓶自釀的肉桂蒸餾酒送我，那種濃郁的肉桂香氣令人久久不忘，後來才知道他是巡山員，藉巡山之便，順便採集台灣野生原生種的土肉桂葉來釀肉桂酒，由於是正宗台灣土肉桂葉，肉桂葉添加的量較多，味道濃郁，從此對肉桂酒非常有好感，也納入我酒廠酒品之一。後來幫台北市農會開發出肉桂酒，由於農民酒廠不可幫它廠代工，而轉由它廠生產，也因此對肉桂較不陌生。若要利用肉桂葉釀酒或煮茶，記得一定要用對肉桂葉。台灣土肉桂葉及青樺桂葉的香氣特別香，摘下一片葉子用嘴咬即可知是否對味。要保存肉桂葉香氣千萬不要直接用太陽曬，最好放在屋簷內用陰乾的方式乾燥，肉桂醇油會保留較多。我常用串蒸方式作肉桂酒，香氣得濃郁與否取決於肉桂葉添加量的多寡。

🎵 肉桂酒製法（串蒸法）

成品份量 約 9 台斤（5400g）

製作所需時間 約 3 小時

材料 ・發酵好可蒸餾的米酒酒醪 25 台斤（15000g）
　　　　・陰乾或曬乾的肉桂葉（或新鮮肉桂葉）（200g）

工具 蒸餾設備

步驟

1 將秤好的新鮮肉桂葉放入蒸餾器的濾網，要先浸泡也可以，以乾燥的肉桂葉能展開為原則。

3 將含有肉桂葉的酒醪直接進行蒸餾即可，其蒸餾過程的操作皆相同。底鍋內的酒糟在加熱前要先攪勻，可避免蒸餾時，因酒糟長期沉底燒焦。

2 肉桂葉加入可蒸餾的米酒醪中，拌勻。不要浸泡太久。浸泡後，可每天搖動或攪動浸泡罐1次，以增加肉桂葉成分及顏色的溶解度。

4 先用瓦斯大火煮滾後，出酒後改小火蒸餾。大火是指瓦斯火焰燒到鍋底邊緣，如已熟悉蒸餾操作時，小火也可改用中火蒸餾，可縮短蒸餾時間。

5 從水龍頭接水管到冷卻入水口，讓冷水直接流至天鍋上底部，另接冷卻出水口水管，再接至水桶、水槽、浴缸、洗衣槽，以方便回收再利用。

6 控制冷卻水進出的流水量及速度，以維持天鍋冷卻水不發熱為原則。

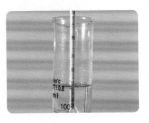

7 先去生米量 2 % 的甲醇雜醇，才開始收酒液，可在酒精度 10 度時斷酒尾。

8 若要肉桂味道更香一些，建議在酒精度 20 度即可斷酒尾，讓蒸餾出來的薑酒平均在酒精度 40 度以上。

〈 注意事項 〉

◆ 肉桂葉的品質對肉桂酒的風味影響很大，要注意肉桂葉品種的選擇。

◆ 肉桂葉的分量，最好按一般泡茶的比例添加。加太多肉桂葉，或米酒醪太少，都會讓肉桂味太濃及產生苦澀味。

◆ 肉桂葉的品種與米酒醪風味的選擇，會完全影響肉桂酒的風味。

◆ 串蒸肉桂酒到酒尾時，它與一般蒸餾不一樣，一般的酒尾會出現偏酸現象，但肉桂酒的酒尾會出現甜味，很好喝。

🍾 肉桂酒製法（浸泡法）

成品份量 3 台斤（1800g）

製作所需時間 15 天

材料 ・酒精度 25 度的蒸餾酒 3 台斤（1800g）（或選用蒸餾的米酒、蒸餾的蜂蜜酒或蒸餾的葡萄酒浸泡肉桂葉）
・陰乾好或曬乾好的肉桂葉 0.6 台兩（22.5g）或新鮮肉桂葉

工具 過濾設備

步驟

1 將秤好的肉桂葉放入浸泡罐或濾網中，浸泡罐的大小要考慮肉桂葉能展開為原則。

2 加入調好酒精度的蒸餾米酒（蜂蜜酒、葡萄酒）浸泡。

3 先不加糖，浸泡 15 天，即可過濾得到肉桂酒。

4 千萬不要浸泡太久，浸泡超過 15 天會產生澀味。

5 　浸泡後，可每天搖動或攪動浸泡罐 1 次，以增加肉桂葉成分及
　　顏色的溶解度。

6 　浸泡 15 天即過濾肉桂後即可。也可再加些甘味劑，如冰糖、
　　果糖、蜂蜜，以增加口感。加糖後需再浸泡 10 天，風味最好。

〈 注意事項 〉

◆ 有人建議以酒精度 30 ～ 35 度的米酒浸泡較佳，而且肉桂酒喝
　起來的風味會較佳。

◆ 也有人建議肉桂葉浸泡於酒中 3 天就要取出，較不會有澀味出
　現。不過肉桂葉品質對肉桂酒的風味影響很大，要注意肉桂葉
　的品種選擇。

◆ 肉桂葉的分量，最好按一般泡茶的比例添加。加太多肉桂葉，
　或酒太少，都會讓肉桂味太濃及產生苦澀味。

◆ 浸泡肉桂葉的品種與米酒醪的風味，都會影響肉桂酒風味。

◆ 如果浸泡的是肉桂皮，由於皮較粗硬，浸泡的酒精度需提高至
　35 ～ 40 度。

◆ 其他浸泡葉類的產品，基本製法相同。風味的濃淡取決於原料
　的多寡或浸泡時間。

馬告酒

俗稱「馬告」的山胡椒，屬樟科落葉灌木，適合在中低海拔生長，葉互生，花先葉開或同時開，雌雄異株，五朵組成小繖狀花序，花期1～3月，結果5～7月，果實則為原住民（泰雅族、賽夏族、鄒族）和登山客最佳的食物調味品。馬告一般生長在山區，樹高約三公尺，葉子呈狹長形，輪狀互生，在每年約五月間會從樹枝上長出花梗，對開兩朵花，長出兩顆綠色的小果實，將它採下揉碎後，有一股清香，有點檸檬的味道。成熟之後會轉為紫黑色，然後會自動掉落。在台灣只有桃園農業改良場五峰工作站大力推廣。

馬告在泰雅族語的意思中，指的是一種植物叫山胡椒，早期在泰雅族傳統社會中，因為鹽取得不易，所以族人改以馬告（山胡椒）的種子為主要調味料，味道辛香，很像泰國料理的味道。夏天時直接拿新鮮的馬告搗碎，加一點鹽，沖冷開水飲用，可預防中暑。市場上流行馬告排骨湯、馬告鹹豬肉、馬告香腸、馬告餅乾…等。

民國94年時，第一次在烏來泰雅族部落承辦職訓教學時接觸到馬告，因其味道特殊，有檸檬及茅草的香氣，我就用串蒸的方式蒸餾出馬告酒，既特殊又容易保存，酒精度又高。原本的用意是想取代小米酒，成為原住民部落的主流，之後只要在原住民部落上釀酒課就大力推廣，將此方法傳授給學生，反應非常好。唯一可惜的是，馬告有季節性不常有，再加上近年馬告在料理的用量較多，價格已飆漲得太昂貴，此串蒸酒值得各位試作品嘗。

🍶 馬告酒製法（串蒸法）

成品份量　約9台斤（5400g）

製作所需時間　約3小時

材料　· 新鮮馬告500g（若用曬
乾的馬告或用酒醃漬的馬
告亦可，但風味略不同）
· 米酒或小米酒酒醪25台
斤（15000g）

工具　蒸餾設備

步驟

1 將馬告洗淨去雜後，直接放入可蒸餾的米
酒或小米酒酒醪中，拌勻即可開始蒸餾。
前段仍需去甲醇，其餘蒸餾操作模式皆相
同。底鍋內的酒糟在加熱前，要先攪勻，
可避免蒸餾時，因酒糟長期沉底燒焦情形。

2 先用瓦斯大火煮滾，
　出酒後改小火蒸餾。
　大火是指瓦斯火焰
　燒到鍋底邊緣，如
　已熟悉蒸餾操作時，
　小火也可改用中火
　蒸餾，可縮短蒸餾
　時間。

3 從水龍頭接水管到
　冷卻入水口，讓冷
　水直接流至天鍋上
　底部，另接冷卻出
　水口水管、可接至
　水桶、水槽、浴缸、
　洗衣槽，以方便回
　收再利用。

4 控制冷卻水進出的
　流水量及速度，以
　維持天鍋冷卻水不
　發熱為原則。

5 先去生米量2%的
　甲醇雜醇，才開始
　收酒液，可在酒精
　度10度時斷酒尾。

6 若要馬告酒味道更
香一些，建議在酒
精度 20 度即可斷酒
尾，讓蒸餾出來的
馬告酒平均在酒精
度 40 度以上。

〈 注意事項 〉

◆ 建議不要太晚斷酒
尾，建議在出酒酒
精度 30 度時，就
斷尾換缸。其餘收
的低度酒 (20 ～ 10
度) 可留至下一次
蒸餾時再加入蒸
餾，可提高出酒的
高酒精度。

◆ 若希望馬告酒的風
味好，就一定要用
新鮮的馬告去蒸
餾，只要是醃過或
曬乾，其風味會差
很多。

刺蔥酒（鳥不踏酒）

　　刺蔥學名為食茱萸，俗名紅刺蔥、鳥不踏、越椒、刺江某，原住民稱它為達那，落葉喬木，老樹幹有短硬瘤刺，幼枝密長銳尖刺。食茱萸在十月至次年二月有季節性落葉現象，而在一和二月間即抽芽展葉，葉柄及心部常呈紅色，全株有刺又有香蔥味，故名紅刺蔥，其枝幹上亦長滿瘤刺，鳥兒甚至不敢棲息，又叫鳥不踏。食茱萸自古以來即為入藥植物，李時珍《本草綱目》記載，茱萸吳地者入藥，故名吳茱萸，嫩葉片具有強烈的香氣，可用來作膳食上很特殊的菜餚，嫩葉汁治感冒和瘧疾，可供煮食，俗用避邪。

刺蔥的用途有：

食用：嫩心葉或幼苗時期之幼嫩部分可食用。排灣族族人常將嫩葉放入湯中調味，其嫩葉與湯、豬肉或綠豆一起煮，加少許調味，可增添香味，替代佐料。

藥用：樹皮，甘、辛、平。果實，辛、溫、有毒。葉、根，苦、辛、平。

效用：樹皮，祛風通絡，活血散瘀，治跌打損傷、風濕痺痛、蛇腫、外傷出血。果實，燥濕、殺蟲、止痛，治心腹冷痛、寒飲、泄瀉、冷痢、濕痺、帶下、齒痛。葉，解毒、止血，治毒蛇咬傷、外傷出血。根：祛風除溼、活血散瘀、利水消腫，治風濕痺痛、腹痛腹瀉、小便不利、外傷出血，治跌打損傷、毒蛇咬傷。白的根切片煮排骨治脊膜炎。

因浸泡的刺蔥酒喝起來有植物的青澀味，不對我胃口，後來就用串蒸的方式蒸餾出刺蔥酒，風味既特殊又容易保存，也不會有太膩的感覺，酒精度又高。後來也在台中發現有合法酒莊生產此酒，它的酒名就叫做鳥不踏酒。之後只要在原住民部落上釀酒課就大力推廣，將此串蒸方法傳授給學生，反應非常好，因為山上天然生產的刺蔥葉很多，此串蒸酒值得各位試作品嘗。若要找刺蔥葉，找原住民朋友採集就對了。

🎯 刺蔥酒製法（串蒸法）

成品份量　約 9 台斤（5400g）

製作所需時間　約 3 小時

材料　·新鮮刺蔥葉及莖 500g
　　　　（盡可能用刺蔥葉背為紅
　　　　色的較有食療效果）
　　　·米酒或小米酒酒醪 25 台
　　　　斤（15000g）

工具　蒸餾設備

步驟

1 將刺蔥洗淨，去掉太粗的莖。

2 直接放入可蒸餾的米酒或小米酒酒醪中拌勻，即可開始蒸餾。前段仍需去甲醇，其餘蒸餾操作模式皆相同。

3 先用瓦斯大火煮滾，
出酒後改小火蒸餾。
大火是指瓦斯火焰
燒到鍋底邊緣，如
已熟悉蒸餾操作時，
小火也可改用中火
蒸餾，可縮短蒸餾
時間。

4 從水龍頭接水管到
冷卻入水口，讓冷
水直接流至天鍋上
底部，另接冷卻出
水口水管，再接至
水桶、水槽、浴缸、
洗衣槽，以方便回
收再利用。

5 控制冷卻水進出的
流水量及速度，以
維持天鍋冷卻水不
發熱為原則。

6 先去生米量2％的
甲醇雜醇，才開始
收酒液，可在酒精
度10度時斷酒尾。

7 若要刺蔥酒味道更香一些，建議在酒精度 20 度即可斷酒尾，讓蒸餾出來的刺蔥酒平均在酒精度 40 度以上。

〈 注意事項 〉

◆ 建議不要太晚斷酒尾，建議在出酒酒精度 30 度時，就斷尾換缸。其餘收的低度酒（20 ～ 10 度）可留至下一次蒸餾時再加入蒸餾，可提高出酒的高酒精度。

◆ 刺蔥酒風味要好，就一定要用新鮮紅背的刺蔥葉蒸餾。只要用曬乾的，其風味就會差很多。而且添加刺蔥葉的量要適中，風味才會好。

◆ 也有人直接將刺蔥葉浸泡米酒，再過濾就成為有顏色的刺蔥酒（再製酒）。但我喜歡將浸泡的刺蔥酒與串蒸的刺蔥酒一起做勾兌，成為較協調又有琥珀色的刺蔥酒。

台灣液態發酵五糧液（清香型）

　　大陸五糧液是國際知名的白酒，是用五種不同的糧食原料所組成，經發酵、蒸餾而得。這五種糧食原料為小麥、高粱、玉米、糯米、大米。其香氣以己酸乙酯為主體，風味質量要求窖香濃郁、綿甜純淨、香味協調、回味悠長。釀酒工藝的特點是優質泥窖發酵，混蒸續渣配料，發酵周期長，在 45 ～ 70 天之間。

　　台灣的釀酒與大陸不盡相同，尤其是地理環境不同，台灣很少用地窖發酵，即使台菸酒公司的窖香類白酒，也是在地面的槽體中發酵，與大陸用優質窖泥發酵不同。所以台灣酒開放民間釀酒時，就由一批學者研究模擬大陸釀酒的配方與發酵方式，有些原料台灣不一定有或成本偏高而改良，也就是以下的配方。我曾試釀過，感覺不滿意，大陸釀酒用碗豆，台灣用黃豆，味道體現不出特色，提供出來讓讀者自己去嘗試，甚至去創新開發出新產品。

台灣液態發酵五糧液之製法

成品份量 約 20 公斤（20000g）

製作所需時間 1.5 個月

材料 · 紅高粱 10 公斤（10000g）
（佔 53%）

· 小麥 2 公斤（20000g）
（佔 11%）

· 蓬萊米 4.8 公斤（4800g）（佔 25%）

· 破碎玉米 1.6 公斤（1600g）（佔 9%）

· 破碎黃豆 0.4 公斤（400g）（佔 2%）
（＊以上五種原料合計 18.8 公斤）

· 二砂糖 10 公斤（10000g）

· 酒麴添加量為原料量的千分之七

工具 發酵桶、蒸餾設備

步驟

1 將所有原料洗淨，用 40 公斤的水浸泡 15 小時。其中在第五小時及第十小時要各換一次水，在第十五小時要以逆滲透水清洗三遍後，加 28 公斤水，蒸煮至高粱爆開（以高粱燜煮法煮熟爆開即可），然後攤涼至 30 ～ 35℃。

2 攤涼後，加入熟麴132g攪拌均勻，入缸，以塑膠布封口，3天後加入已溶解之糖液58公斤（48公斤水加10公斤糖），攪拌均勻，再蓋上塑膠布封口，靜置約15～17天，此為第一次發酵。

4 將第一次發酵之澄清液取出後所剩餘的酒醪或酒糟，再加上58公斤的糖液（48公斤的水加10公斤的糖），再補放132g熟麴，攪拌均勻後，蓋上塑膠布，靜置至15～17天，再進行第二次發酵。

6 換桶後，繼續收酒液至總酒精度20度斷酒尾，再將此20度之酒液做重複蒸餾，蒸餾出之酒液收到總酒精度55度斷酒尾，此為第三次蒸餾之五糧液。

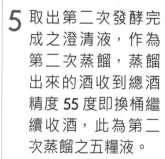

3 將第一次發酵完成之澄清液取出，作為第一次蒸餾，蒸餾出之酒液收到總酒精度55度斷酒尾，此為第一次蒸餾之五糧液。

5 取出第二次發酵完成之澄清液，作為第二次蒸餾，蒸餾出來的酒收到總酒精度55度即換桶繼續收酒，此為第二次蒸餾之五糧液。

7 將三次蒸餾所收之五糧液，相互勾兌至所需之酒精度及香氣程度，即為五糧液之成品。

<〈 注意事項 〉

◆ 於上述做法 2. 所述，第三天加糖液時，可額外加入以 25 克己酸與 50% 酒精所調製之溶液 300ml（此做法會將五糧液酒由清香型改變成濃香型）。

◆ 取 95 度之食用酒精 250 cc，加入 250 cc 水，再加入 25 克己酸，混合均勻後，取 300ml（即為 25 克己酸）與 50 % 酒精所調製之溶液 300ml。

蒸餾酒的問題處理

·簡易甲醇測定──

　　早期各地政府的查緝私酒單位，獲報私酒情資後，會帶著由中山科學研究院研發的簡易甲醇測試劑作初步檢測，確認是否會危害他人。開放民間合法釀酒初期，有一段時間民間私釀酒猖獗，民間為了怕喝到假酒，市場上出品不少假酒測試劑，其測試方法與中山科學研究院的甲醇測試劑雷同。我個人的看法是，只要是自己覺得是可疑的酒品，即使好友送的、酒品價格再昂貴、包裝再漂亮，也不要心動去喝它。只要有懷疑的酒一定不喝，可減少喝到假酒的機會。

　　以下是中山科學研究院甲醇測試方法說明，供大家參考，以前酒的檢驗較不普遍，目前只要是政府認可，合格認證的實驗室都可以準確的測出甲醇的含量。

　1. 取樣

　·一般酒類可直接取樣。

　·藥酒需先以水稀釋 5 倍，以減少干擾。

　2. 取下檢驗袋夾頭，將 3 ～ 5 滴酒類樣品滴入袋內底部，再套上夾頭。

　3. 將檢驗袋的印刷處面向自己，分別按 1 ～ 4 標示順序，將袋中試劑玻璃管由中間擠破。

簡易甲醇檢測劑

4. 擠破的第一玻璃管試劑，須停留 1 分鐘，再擠破第二玻璃試管，搖動混合，待變成無色液體，再擠破第三玻璃管，搖動溶解固體試劑，最後擠破第四玻璃管，靜觀液體呈色，並對照袋上附印之識別紫色圖譜，若呈紫色反應，表示酒中可能含有甲醇。

·蒸餾場所安全注意事項——

由於酒精有易燃的特性，在台灣的消防法規中，儲藏酒精的場地，如果酒精度超過 60 度需要被嚴格管制，列為高風險區。故在酒精蒸餾場所的安全技術方面，操作人員必須學習和熟悉蒸餾的知識外，尚應注意下列各點：

1. 蒸餾設備及管道、附件等，一定要有良好的密封性，杜絕「跑、冒、滴、漏」的現象。

2. 不能用明火及可能產生火花的工具，切忌金屬與金屬之間的碰撞，以免產生火花。

3. 嚴防電線絕緣不良和產生火花。

4. 場所應有良好的通風排氣條件及設備，門窗宜適度開放。

5. 場所內不要放置自燃或易燃材料。

6. 蒸餾場所嚴禁吸煙和帶入火種。

7. 設備安裝或檢修過程要確保人身及設備安全。

8. 設備及管道安裝時，要正確無誤。錯誤的安裝，往往是事故的禍根和生產不正常的因素。

9. 進行化學清理或殺菌作業時，應戴防護手套，防止皮膚灼傷。

10.對儀器或儀表，如：壓力計、溫度計應定期進行校正檢查。

11. 對有閥門的管路，要注意檢查是否有鎖緊及正常開閉功能。

12. 對蒸氣的進氣量應維持均衡穩定，切忌忽大忽小或壓力忽高忽低，要達到「穩、準、細、淨」的操作要領。

·勾兌、滅菌、裝瓶作業程序——

〈一般小量或家庭式的操作〉

1. 取欲調之酒，先粗過濾，然後再進行細過濾。

2. 先將細過濾的酒定量，得知公升數。

3. 調整糖度及酸度。

4. 將酒汁攪拌均勻。

5. 測酒精度。若要滅菌的酒，則須將酒精度調高 0.8 度（例如：要調 16 度的酒，則在滅菌前，要將酒精度調至 16.8 度）。

6. 充填定量。

7. 隔水滅菌。瓶內溫度 70℃、1 小時（注意煮水溫度，若瓶內溫度在 65℃ 時，就要把火關小，溫度不可超過 75℃，鋁蓋可一起滅菌）。

8. 熄火後，馬上用夾子將鋁蓋蓋住瓶口，用布協助趁熱將瓶蓋旋緊。

9. 待酒冷卻、外瓶乾燥後，鎖瓶、貼標籤，注意製造日期的打印。

10. 裝箱、封箱、上架。

〈工廠大量的操作模式〉

1. 由專業評酒師確認要勾兌的酒頭、酒心、酒尾的酒精度及品質風味。
2. 依配方將酒頭、酒心、酒尾定量混勻,再進行細過濾及活性碳過濾。
3. 調整糖度、酸度、風味及色澤。
4. 調整酒精度。
5. 充填滅菌或滅菌充填、鎖瓶、貼標、裝箱。

· 酒用增香劑(香精料)使用須知常識——

目前市場上提供之酒用增香劑〔香精料〕,依酒品種類的不同,最適宜的添加量也會不同。如:添加於米酒的倍數建議為 1000 倍(酒 1000:香精料 1),但因每個人釀造出來的酒有各自的風味,建議大量使用前,務必先少量測試以獲得最佳之風味,然後才可大量添加於產品中。

〈預先測試酒用增香劑(香精料)添加量的方法〉

先按不同酒用香精料公司的建議倍數,將香精料添加於定量基酒中,混合均勻後,再品評其風味。若風味不足,則增加香精料之比例重新測試;若風味太重,則減少香精料之比例重新測試。

例如添加酒用香精料的比例 1/1000 測試時,若風味太重,則重新測試添加 1/2000。若風味依然太重,則再測試 1/3000,此時若又覺得風味可能稍微不足,則取 1/2000 與 1/3000 的中間值,如 1/2500 測試。若此時又覺得風味太重,則再取 1/2500 與 1/3000 的中間值進行測試,依此步驟直到找出最佳的風味為止。

〈酒用增香劑（香精料）調酒試樣方法〉

若酒用香精料的建議倍數為 1000 倍（或 1/1000 的標示），即等於 60 克的基酒添加 0.06 克的香料。調酒測試者可先至化工儀器行購買一支 3 cc的白色或半透明塑料吸管，吸取香精料後添加於酒中。以一支 3 cc白色塑料吸管擠壓一滴香料量約 0.02 克，所以 60 克的酒加入 3 滴的酒用香精料，即大約為 1/1000 倍數。其他倍數者，請依此比例換算其香料添加量。

〈調整完畢的酒約放置 10 天再出廠飲用〉

調整完畢的酒，最好放置 10 天左右再出廠飲用，風味會更柔順。

再製酒（單味浸泡酒）

所謂再製酒，在我國的菸酒管理法施行細則中就詳細定義規範。再製酒類，是指以酒精、釀造酒或蒸餾酒為基酒，加入動植物性輔料、藥材、礦物或其他食品添加物調製而成之酒精飲料，其抽出物含量不低於2度（%（g／mL））者。

另外，也有專家學者對水果再製酒做出雷同的規範。水果再製酒類，是指以食用酒精、釀造酒或蒸餾酒為基酒，加入水果或其衍生產品調製而成之含酒精飲料，其抽出物含量不低於 2.5 度（%（g／mL））者。

再製酒（浸泡酒）的種類與基本製作原則

再製酒的種類在東、西方，因民族性、地域及食材不同而產生多元性，沒有好壞之分，只在市場上流行與不流行。有些人喜歡依不同條件將它們歸類為下列幾型：

風味型：依香氣來歸類果香、花香、藥香（如香草酒、當歸酒、蜂蜜酒）。

奶油型：含有奶質與脂質成分（如奶酒、可可酒、杏仁酒、蛋酒）。

種子型：用果實中的種子來製造（如茴香酒、咖啡酒、巧克力酒、其它……）。

其實酒品的重點在於市場是否能流通，是否能被消費者接受而流傳。

〈再製酒原材料的準備〉

·**各類穀物所釀的酒品**：米酒、糯米酒、高粱酒、小麥酒、大麥酒、玉米酒…等。在大量生產時普遍用食用酒精為最多。

·**各種可食用的水果**：檸檬、梅子、李子、水蜜桃、蘋果、金桔、柳橙、百香果、葡萄、楊桃、草莓、蕃茄、龍眼、蓮霧、柑橘、橄欖、柚子或綜合水果…等。

·**各種可食用的蔬菜**：山藥、山苦瓜、南瓜、牛蒡、辣椒、薑、大蒜、黑豆、花生、胡蘿蔔、甜菜根、蘆薈…等。

·**各種花、茶**：各式茶葉、玫瑰花、桂花、蓮花、菊花、迷迭香、紫蘇、薄荷、櫻花…等。

·**各種基礎酒**：食用酒精、米酒（酒精度在 20 ～ 60 度）、高粱酒（基酒的風味要淡的及顏色較透明的）、蜂蜜酒、蒸餾過的水果酒…等。

·**甜味添加劑**：砂糖、冰糖、麥芽糖或果糖…等。

·**各式香精或香料…等。**

〈 **再製酒原材料配方比例與原則** 〉

·所有原材料在浸泡再製時，基酒一定要淹過浸泡物為原則。

·原料 1 台斤：基酒 2 台斤以上：糖適量添加或不添加。

·若用不同酒精度去浸泡萃取時，先用低度酒浸泡，再換高度酒浸泡，不可倒置而影響萃取效果。

·有些原料的前處理要確實，如：黑豆需先乾炒過且爆裂，才有效果；茶葉先乾燥過，再做浸泡，風味才會協調。

〈 **使用容器** 〉

以陶瓷缸最佳，廣口玻璃瓶次之。切勿使用鐵器或塑膠容器。（但可

用不鏽鋼容器 304、316 材質，可耐酸鹼的塑膠桶短期間仍可使用），罐的開口大小適中最好，要具備密封的條件。

〈做法〉

1. 將原料篩選去雜，或水果去梗、去蒂、洗淨後，擦乾或讓水分滴乾、晾乾（有些直接用低度酒精去洗淨亦可）。

2. 果粒較小者，如梅子、葡萄、金桔等，不一定需切片或切塊，直接浸泡使用。果粒較大者，如蘋果、檸檬、柳橙等，切薄片或切塊以增加浸泡接觸面積。

3. 去籽（核仁）或不去籽皆可。沒去籽的水果浸泡後，有時浸泡時間一久會產生杏仁味或微苦味，適個人口味而定。

4. 水果放入瓶缸容器內，然後才放入基酒（先無糖浸泡於酒中，或開始浸泡就加入糖，或先無糖浸泡於酒中至少 10 天後再加糖）。

5. 浸泡的器材或原料要防止有水分殘留，才不容易變質、變味或污染。

6. 若要保持浸泡水果表面的原狀，可以浸泡水果 1 個月後再加入糖，或將浸泡水果撈起後再加入糖，再浸泡 10 天左右。

7. 若浸泡缸瓶中有放糖時，偶而攪拌或搖動，以使糖加速融化。

8. 浸泡期間，放置於陰涼處，日曬雖可縮短時間，但易被污染。浸泡的第一週最好每天攪拌 1 次，以加速互溶。

9. 若無法食用的果皮，要浸泡萃取其香氣或色澤時，先將肉與皮分開浸泡，最後再將果皮渣過濾後，勾兌混合。

〈浸泡基酒的酒精度原則〉

一般花、葉類的浸泡：若是使用乾燥葉片，浸泡基酒皆使用 20 度，例如各式茶葉、菊花；若是濕的花、葉類，浸泡基酒使用 30 ～ 40 度，例如新鮮洛神花、桂花。另外，例如蘆薈、五葉松則屬於例外，常用的浸泡基酒皆使用 40 度。

一般根部、莖部的浸泡：例如中藥材當歸、羊奶頭；塊狀蔬果實，例如蘋果、梅子、牛蒡；動物肉類，例如蛇、蜈蚣、虎頭蜂，浸泡基酒皆使用 40 度。

〈浸泡時間〉

1. 若用酒精度 40 度浸泡，則浸漬時間約 10 ～ 60 天。

2. 若用酒精度 20 度浸泡，則浸漬時間約 10 ～ 60 天。

3. 若浸漬期間，每天搖動瓶或缸，可加速熟成，約 10 ～ 15 天即可飲用。

4. 浸泡時間太短，風味因為出不來，香味較淡；浸泡時間太久，液體會較濁，香氣不見得最香醇，適當時間最好。

5. 一般乾燥葉類的浸泡，可根據泡茶及浸酒原理，約 7 ～ 10 天即可完成。

6. 一般根部、莖部、塊狀蔬果、動物肉類浸泡的酒精度要高，時間要長，最好 45 天以上。

7. 有時用適當的溫度加熱原料，可縮短浸泡時間。

〈食用方法〉

‧只喝浸泡出來的酒液，穀類酒糟或水果渣則丟棄，或水果渣可另做蜜餞或果醬，也可蒸餾萃取出額外的蒸餾酒。

‧飲用時，一次取 30 ～ 50cc 的酒液，冷熱皆宜。若須稀釋，其沖泡稀釋量依個人口味而定。

〈注意事項〉

‧浸泡用的原料也可以先用料理機打成漿泥後，再與酒液混合浸泡。浸泡液會較濁，讓它澄清，再取澄清液即可。

‧浸泡用的酒添加量，一定要淹過原料或水果表面，水果表面如果沒有浸泡到酒液，會產生褐變，表皮會呈褐黑色，觀感不佳。故如果浸泡原料或水果太輕會浮於酒液表面時，要用竹篾、石頭、陶瓷盤或不鏽鋼壓片，將原料、水果壓入酒液下面，讓原料、水果能全部浸漬在基酒液中。或是塑膠袋內裝冷開水做成變形的萬用密封壓封袋，放在浸泡物上面，既可阻隔空氣防止污染，又可因水袋的重量將表面物壓至液面下，達到浸泡目的。

‧浸泡後的酒精度會影響保存期限，若浸泡後的酒精度平均低於 20 度，要盡快食用完，保存期應不會超過一年，成品容易腐敗。尤其含有動物肉類的浸泡酒，要考慮到原料內的含水分及浸泡後酒精度會降低多少。

再製酒的處理只要一開始將浸泡用基酒的酒精度調好，先預估酒精度，以欲浸泡材料中的含水率去換算，會稀釋酒精度幾度。只要最後的酒精度設定在 20 度以上就不會有污染情形，除非是外部封口的污染。

梅子酒

　　梅子，是屬於溫帶薔薇科果樹之一。台灣的梅子主要栽培於中央山脈東西兩側，海拔 300 ～ 1000 公尺的山坡地，主要產地在南投縣信義鄉、國姓鄉、仁愛鄉、水里鄉，台中縣和平鄉、東勢鎮，台南縣楠西鄉，高雄縣桃源鄉，以及台東縣延平鄉等地。梅樹每年元月上旬開花，清明節前後約兩週間盛產，產期極短，約只有 1 個月。

　　梅子的特色是，風味清香，糖分少。富含大量的有機酸及鈉、鉀、鈣等礦物質。實質上是屬於生理鹼性的食品，具有平衡體液酸鹼值、澄清血液、強肝、整腸、恢復疲勞等功效。

　　梅子的利用方法很多，除了傳統的蜜餞及果汁飲料之加工產品外，一般家庭也可以利用梅子自製一些產品，如：梅子蜜餞（紫蘇梅、脆梅、Q梅、蜜梅）、果汁、果醬、梅肉、梅醬、梅酒、梅醋等，或利用青梅及自製產品來烹調，煮成美味可口的餐點。

梅子是強力的鹼性食品，它的功效是改善胃腸功能、消除腹脹、增進食慾、預防食物腐敗、消除疲勞、解除精神壓抑、強力殺菌解毒作用、強化肝臟功能、美容效果、調節血液循環、提高免疫細胞的功能、提高鈣質的吸收率、調節血壓、抗過敏作用、抗氧化作用、鎮痛效果、預防癌症、預防結石…等食療效果。

梅子再製酒之製程：

黃熟梅→篩選、去梗→水洗、晾乾（瀝乾）→調配、浸漬（酒精濃度 40%，固液比 1：2)→浸漬 (3 個月）→分離→熟成 (3 ～ 6 個月）→調配浸漬酒（酒精濃度調至 15 度，糖度約 20 度）→過濾（濾膜孔徑 0.2 μm)→裝瓶→滅菌→成品

梅子酒製法（無糖浸泡法）

成品份量　600g

製作所需時間　3 個月

材料　· 新鮮青梅 300g
　　　· 40 度米酒 600cc

工具　800cc 玻璃發酵罐

步驟

1 將梅子去蒂頭、洗淨、晾乾備用。

2 用小刀將每個梅子的外皮劃 2～4 道刀痕，也可以不劃。

3 取 40 度的米酒倒入瓶中，以淹過梅子為原則。

4 一般浸泡酒與浸泡物的基本原則是，浸泡物為 1，酒是浸泡物的 2 倍。若浸泡物會浮上時，一定要用器皿壓下，要完全浸泡到酒液才行。

〈 注意事項 〉

- 浸泡用的酒液一定要用酒精度 40 度，少數用 20 度，最好是清淡無味的酒，在台灣民間是以米酒為主，在工廠則是用 95 度食用酒精去稀釋浸泡。

- 浸泡梅子的品種最好選擇傳統的小粒青梅，味道較清香爽口。黃梅雖然香氣較濃郁，但會出現陳味，做果醬會是最佳選擇，但若是用在浸泡，青梅最好。

- 梅子酒浸泡 1 年以上較好喝，顏色也較深。

🍒 梅子酒製法（加糖浸泡法）

成品份量 1 台斤（600g）

製作所需時間 3 個月

材料 ・青梅 1 台斤（600g）或 10 台斤（6000g）
　　　 ・冰糖 6 ～ 8 兩（225 ～ 300g)或 5 台斤（3000g）
　　　 （依喜好可適度調整糖度）
　　　 ・米酒頭 1 ～ 2 瓶（600 ～ 1200cc）或 10 ～ 20 瓶（6000 ～ 12000cc）

工具 1800 cc 櫻桃罐或寬口玻璃瓶罐、標貼紙 1 張

步驟

1 將每粒青梅去梗去葉，洗淨、瀝乾，或以乾淨布擦乾，並充分晾乾，放置於酒罐中備用。

2 冰糖加入水 (60 cc)，用小火煮溶化。冰糖水放冷至 35℃ 時，倒入玻璃酒罐。或以一層青梅、一層冰糖的做法灑入罐中。（冰糖也可分 3 次、按月添加）。

3 再將米酒倒入已裝好青梅的容器中。

4 再用塑膠布蓋住罐口，塑膠布外面用橡皮筋套緊，等青梅沉入底部或約浸泡半年即可開封（其實浸泡 3 個月後即可喝，但釀久一點果汁出汁會較完全，口味會更好）。

5 在酒罐上貼上一張標籤，註明材料、份量、製作日期。

6 放於陰涼處保存。

〈 注意事項 〉

◆ 浸泡的酒需用酒精度 35 ～ 40 度的酒，酒精度太高或太低都不好。

李子酒

　　李子是薔薇科植物李樹的果實。李子可吃又多汁，果汁是甜的，可生吃或製成果醬。李子汁可以釀成李子酒，蒸餾過後可製成聞名東歐的李子白蘭地（Slivovitz）。脫水後的李子甘甜且多汁，具有很高的食用纖維含量，所以李子汁經常用於幫助調解消化系統功能。李子還含有多種抗氧化物，能夠延緩衰老。

　　李子的營養價值：

　　1. 促進消化：李子能促進胃酸和胃消化酶的分泌，有增加腸胃蠕動的作用，因而食李能促進消化，增加食欲，爲胃酸缺乏、食後飽脹、大便祕結者的食療良品。

　　2. 清肝利水：新鮮李肉中含有多種氨基酸，如穀醯胺、絲氨酸、甘氨酸、脯氨酸等，生食對於治療肝硬化腹水大有助益。

　　3. 降壓、導瀉、鎮咳：李子核仁中含苦杏仁甙和大量的脂肪油，藥理證實，它有顯著的利水降壓作用，並可加快腸道蠕動，促進乾燥的大便排出，同時也具有止咳祛痰的作用。

　　4.《本草綱目》記載，李花和於面脂中，有很好的美容作用，可以「去粉滓黑黷」、「令人面澤」，對汗斑、臉生黑斑等有良效。

李子酒製法

成品份量　1台斤（600g）

製作所需時間　3個月

材料　・新鮮紅肉李 300g
　　　・40 度米酒 600cc

工具　600cc 蜂蜜罐

步驟

1 將李子去蒂頭、洗淨、晾乾備用。

2 用小刀將每個李子的外皮劃 2～4 道刀痕。

3 取 40 度的米酒倒
　入，以淹過李子為
　原則。

4 一般浸泡酒與浸泡
　物的基本原則是，
　浸泡物為 1，酒是浸
　泡物的 2 倍。若浸
　泡物會浮上時，一
　定要用器皿壓下，
　要完全浸泡到酒液
　才行。

〈 注意事項 〉

◆ 浸泡的酒液一定要
　用 40 度酒。

◆ 浸泡李子的品種，
　最好選擇傳統的紅
　肉李最好，酒液鮮
　紅、風味佳。

◆ 李子酒浸泡半年以
　上較好喝，顏色也
　較鮮豔。水果酒浸
　泡越久會越鈍色，
　可先過濾掉果渣再
　陳放來解決。

洛神花酒

　　洛神花又稱洛神葵、洛神果、山茄、洛濟葵，是錦葵科木槿屬一年生草本植物或多年生灌木。台灣在 1910 年引進，台東縣鹿野、卑南金峰和太麻里種植的洛神花產量居冠，其他地方則有零星種植。其盛產在 4 月或在 8 月下旬，成長期大約是 4 個月。其花果中富含花青素、果膠、果酸等，其味更是天然芳香、微酸，色澤鮮艷、紅潤細嫩。

　　洛神花的一般用途：

　　‧食用：去籽後新鮮的果萼還含有蘋果酸，可以作為果醬、果汁、果凍、茶包、蜜餞及清涼飲料的材料，加糖發酵可以釀成酒；而未熟的果萼可以作為醋的原料或當蔬菜，嫩葉可生食或熟食佐餐；製成洛神花茶是台灣夏季常見的清涼飲料。

　　‧幹莖有纖維可作為紡織和造紙的用途。

· 觀賞用：洛神葵亦可栽培成庭園樹、綠籬觀賞。

· 藥用：花、根、種子都可以當成藥用。種子在藥典中記載具有強壯、利尿、輕瀉的功效；果萼片則有清熱、解渴、止咳、降血壓等效用。花萼性味酸、涼。花萼的效用為斂肺止咳、降血壓、解酒、治肺虛咳嗽、高血壓、醉酒；葉的效用為消腫、治腋下瘡瘍。

洛神花酒製法

成品份量　1台斤（600g）

製作所需時間　3個月

材料　· 新鮮洛神花 60g
　　　· 40 度米酒 600cc

工具　600cc 蜂蜜罐

步驟

1 將洛神花去蒂頭、
去籽、洗淨、晾乾
備用。

2 將處理好的洛神花
放入浸泡缸中。

3 倒入 40 度的米酒，
以淹過洛神花為原
則。若大面積浸泡
表面可用瓷盤蓋
住，讓洛神花完全
沉底。

4 一般浸泡酒與浸泡
物的基本原則是，
浸泡物為 1，酒是浸
泡物的 2 倍。若浸
泡物會浮上時，一
定要用器皿壓下，
要完全浸泡到酒液
才行。

〈 **注意事項** 〉

◆ 浸泡的酒液一定要
用 40 度酒。

◆ 浸泡洛神花酒有兩
種做法，一種是用
新鮮的洛神花，另
一種是用乾燥過的
洛神花，其差異在
浸泡完成的酒其酒
精度會不同，建議
新鮮的用 40 度酒
浸泡，乾燥的用
20 度酒浸泡，兩
者香氣仍會有些不
同。

◆ 另一種浸泡方法是
將乾燥的洛神花加
入少量的水煮滾，
放涼，再加入 40
度米酒浸泡，香氣
與色澤也不錯。

桑椹酒

　　桑椹有改善皮膚（包括頭皮）血液供應，營養肌膚，使皮膚白嫩及烏髮等作用，並能延緩衰老。桑椹是中老年人健體美顏、抗衰老的佳果與良藥。常食桑椹可以明目，緩解眼睛疲勞乾澀的症狀。桑椹具有免疫促進作用。桑椹對脾臟有增重作用，對溶血性反應有增強作用，可防止人體動脈硬化、骨骼關節硬化，促進新陳代謝。它可以促進血紅細胞的生長，防止白細胞減少，並對治療糖尿病、貧血、高血壓、高血脂、冠心病、神經衰弱等病症具有輔助功效。桑椹具有生津止渴、促進消化、幫助排便等作用，適量食用能促進胃液分泌，刺激腸蠕動及解除燥熱。一般成人適合食用，女性、中老年人及過度用眼者更宜食用，少年兒童不宜多吃桑椹，因為桑椹內含有較多的胰蛋白酶抑制物——鞣酸，會影響人體對鐵、鈣、鋅等物質的吸收。脾虛便溏者亦不宜吃桑椹。桑椹含糖量高，糖尿病人應忌食。

桑椹酒製法

成品份量　1台斤（600g）

製作所需時間　3 個月

材料　·新鮮桑椹 100g
　　　·40 度米酒 600cc

工具　600cc 蜂蜜罐

步驟

1 將桑椹去蒂頭、洗淨、晾乾備用。

2 將處理好的桑椹放入浸泡缸中。

3 倒入 40 度的米酒，以淹過桑椹為原則。若大面積浸泡表面可用瓷盤蓋住，讓桑椹完全沉底。

4 一般浸泡酒與浸泡物的基本原則是，浸泡物為 1，酒是浸泡物的 2 倍。若浸泡物會浮上時，一定要用器皿壓下，要完全浸泡到酒液才行。

〈 注意事項 〉

◆ 浸泡的酒液一定要用 40 度酒。

◆ 浸泡桑椹的品種，最好選擇是傳統桑椹，酸甜較適中。改良過的大顆粒或長條形桑椹，鮮食很甜很好吃，做加工就差一些。

◆ 桑椹酒浸泡 3 個月以上較好喝，顏色也較鮮豔。

檸檬酒

　　檸檬屬於芸香科常綠小喬木，原產於印度及巴基斯坦等地，在台灣以綠色的優利卡品種為主，以與國外品種區分，並廣受國內消費者認同。檸檬比起其他蔬果有耐儲耐運之特性，可當水果亦可入菜，在鮮果的管銷上具有一般農產品少有之優勢。全台檸檬種植面積約 1700 公頃，其中 80％集中在屏東縣，屏東縣以九如鄉栽種面積最廣，產量為全台之冠，而稱為「檸檬之鄉」，檸檬經產期調節，全年均可生產，其盛產期為六、七、八月。檸檬富含檸檬酸等有機酸、維生素 C 與纖維，果皮含精油是其芳香來源，是健康、美容聖品。

❧ 檸檬酒製法

成品份量　1台斤〔600g〕

製作所需時間　3個月

材料　· 新鮮檸檬 100g
　　　· 40 度米酒 600cc

工具　600cc 蜂蜜罐

步驟

1 將檸檬去蒂頭、洗淨、晾乾備用。

2 用刀將檸檬連皮切成片狀,放入浸泡缸備用。

3 倒入 40 度的米酒,以淹過檸檬片為原則。若大面積浸泡表面可用瓷盤蓋住,讓檸檬片完全沉底。

步驟

4 一般浸泡酒與浸泡物的基本原則是，浸泡物為1，酒是浸泡物的2倍。若浸泡物會浮上時，一定要用器皿壓下，要完全浸泡到酒液才行。

〈 注意事項 〉

◆ 浸泡的酒液一定要用40度酒。

◆ 浸泡檸檬的品種，最好選擇傳統皮薄的無籽檸檬，香氣最好。

◆ 檸檬酒浸泡1年以上較好喝，顏色也較深。

◆ 浸泡完成的檸檬酒可以透過紗網過濾出清澈的酒液。

黑豆酒

　　黑豆是高蛋白食品，蛋白質含量是牛奶的十二倍，又不含膽固醇，黑豆百分之十九是油脂，主要是不飽和脂肪酸，有降低血中膽固醇的作用。皂素有抑制脂肪吸收並促進其分解的作用，因而預防肥胖和動脈硬化。所含卵磷脂可以健腦益智，防止大腦老化。含有的豐富維生素 E 可以延續青春活力，粗纖維素可以促進腸蠕動而通便，所以黑豆自古以來就被視為極重要的養生保健食品。一般都會用黑皮青仁的黑豆。黑屬腎，青屬肝，青仁黑豆兼具滋補肝腎。使用前先去除較小而不成熟和破裂的，再用水洗淨，撈去浮在水面的黑豆，最後瀝乾備用。但是要注意生黑豆中含有的胰蛋白酵素抑制劑，會降低蛋白質吸收與利用；另外血球凝集素則會抑制生長，這些不好的成分只要經過加工烹調，就都會被破壞掉，所以在浸泡酒與醋時一定要先去炒熟過。

　　李時珍在《本草綱目》提到豆有五色，各治五臟，惟黑豆屬水性寒，為腎之穀，入腎功多，故能治水、消脹、下氣、治風熱而活血解毒。又有人因為近代藥理研究結論，認為黑豆也養陰補氣，可作為強壯滋補藥。但是唐朝孫思邈也說少食醒脾，多食損脾。在《千金翼方》中指出久服令人身重。所以《本草匯言》也說性利而質堅滑，多食令人腹脹而利下矣。

黑豆酒製法

成品份量　1 台斤（600g）

製作所需時間　3 個月

材料　· 炒過的黑豆 150g
　　　· 40 度米酒 600cc

工具　800cc 玻璃浸泡罐或瓶

步驟

1 將黑豆洗淨瀝乾，
放在沒油沒水的乾
鍋中，乾炒至黑豆
裂開。

2 將處理好的黑豆趁
熱浸泡到 40 度米酒
中。在民間家庭，
一般都用米酒浸
泡，在酒廠則是直
接用食用酒精調降
酒精度後浸泡。

3 浸泡的時間，與是
否每天有攪動以加
速溶出有關，一般
浸泡 3 ～ 6 個月為
原則。

〈 注意事項 〉

◆ 黑豆一定要先炒過
裂開，去除皂素後
才浸泡於酒。民間
將此酒列入補酒。

◆ 浸泡完成直接過濾
飲用，或配合浸泡
的黑豆一起食用，
建議將黑豆過濾出
來，只喝黑豆酒，
浸泡的黑豆可用於
燉煮豬腳。

刺蔥酒

　　這也是在民國 94 年時，第一次在烏來泰雅族部落的勞委會職業訓練教學時接觸的可食用野菜，因其味道特殊濃郁，莖及葉有刺，但一煮即軟化可吃。記得當時午餐煮了一大鍋刺蔥雞湯，同學馬上一掃而空，喜歡的程度出乎意外，聽說早期他們的祖先直接拿刺蔥葉浸泡成酒飲用，有食療效果。

❦ 刺蔥酒製法

成品份量　600cc

製作所需時間　3 個月

材料　・刺蔥葉 20g
　　　（或刺蔥根莖部 20g）
　　　・40 度米酒 600cc

工具　800cc 玻璃浸泡罐或瓶

步驟

1 將新鮮刺蔥葉洗淨、
晾乾，置於浸泡罐
或瓶，倒入 40 度米
酒浸泡。

2 若是用刺蔥根莖部
浸泡時，先將根莖
部洗淨，晾乾，用
刀剁成細片，再倒
入 40 度米酒浸泡。

3 浸泡的時間，與是否每天有攪動以加速溶出有關，一般浸泡 3 ～ 6 個月為原則。

〈 注意事項 〉

◆ 將刺蔥葉與根莖部混合浸泡亦可。方式仍是將原料先洗淨、晾乾再處理。

◆ 浸泡刺蔥酒時，浸泡用的原料若是濕的原料（葉、根、莖），一定要用 40 度酒浸泡才不容易壞掉，若是用烘乾的刺蔥葉浸泡，可用 20 度以上的酒浸泡，浸泡後的酒最終的酒精度不能低於 20 度。乾燥的根、莖部一定都用 40 度的酒浸泡才能溶出浸泡物。

牛蒡酒

　　牛蒡，中醫稱大力子，別名東洋蘿蔔，東洋人參。台灣民間將牛蒡作為補腎，壯陽，滋陰之聖品。早期國內多為藥用，現在則是日常蔬菜之一。牛蒡屬菊科類，兩年生草本植物，其根深葉茂，富含人體所需的多種維生素及礦物質，其胡蘿蔔素含量在蔬菜中居第二位，比胡蘿蔔高 150 倍，蛋白質和鈣的含量為根莖類之首。據科學檢測，牛蒡含有豐富的水分、蛋白質、脂肪、醣類、維生素，以及鈣，磷，鉀，鐵等礦物質和膳食纖維，對糖尿病、高血脂症、動脈硬化、便秘、解肝毒具有明顯效果。它能清除體內垃圾，改善體內循環，促進新陳代謝，被譽為大自然的最佳清血劑。

　　尤其牛蒡含有一種非常特殊的養分，叫「菊糖」，是一種可以促進荷爾蒙分泌的精氨酸，所以被視為有助人體筋骨發達、增強體力及壯陽的食物，尤其適合糖尿病患者使用。此外，牛蒡的纖維可以刺激大腸蠕動、幫助排便、降低體內膽固醇、減少毒素廢物在體內積存，達到預防中風、胃癌、子宮癌的功效。

　　牛蒡食用方法很多，可隨意烹飪，拌、炒、煮、涮、煲湯、作餡均可，特別是牛蒡茶，加入桂圓煮沸後味道最佳。應用於釀酒、釀醋，也有人參的風味與保健效果。

牛蒡酒製法

成品份量　1台斤（600g）

製作所需時間　3 個月

材料　· 牛蒡 100g
　　　· 40 度米酒 600cc

工具　800cc 玻璃浸泡罐或瓶

步驟

1 將牛蒡用美國菜瓜布洗淨，不須削皮，切段切片，烘炒後乾備用。

2 將處理烘炒好的牛蒡片塊，浸泡到 40 度酒中，在民間家庭，一般都用米酒浸泡，在酒廠是直接用食用酒精調降酒精度後浸泡。

3 浸泡時間與是否每天有攪動加速溶出有關，一般浸泡 3 ～ 6 個月為原則。

4 浸泡完成後通過過濾、澄清動作，取得酒液，必要時將浸泡過的牛蒡渣再蒸餾，取得酒精度更高的牛蒡酒，再做勾兌，牛蒡酒會更完美。

〈 注意事項 〉

◆ 牛蒡可獨自浸泡，也可以加些黃耆、紅棗、枸杞等中藥材一起浸泡，酒色會呈現琥珀色較有質感又好喝，而且保健效果明顯。

◆ 牛蒡酒屬民間偏方，主要適用於增強筋骨保健，酒精度都在 35 ～ 40 度之間。在民間一般若不泡酒用，最常是直接燉排骨，非常好吃。

人蔘酒

　　人蔘是我們常見的高貴藥材，而在北中美洲也普遍使用花旗蔘，目前在許多中藥行和超市都能找到各式人蔘的相關飲品及萃取物保健產品，用於癒後恢復、增強體力、調節荷爾蒙、降低血糖、控制血壓、控制肝指數和肝功能保健等。人蔘根部所含皂苷是其有效成分，由於人蔘不易栽培，韓國於 18 世紀初開始發展高麗蔘栽培，美國在 19 世紀中期開始栽培花旗蔘。由於人蔘對治療慢性肺感染、阿茲海默氏症等具功效，已引起各研究單位的重視。

🌡 人蔘酒製法

成品份量　1台斤（600g）

製作所需時間　3個月

材料　·人蔘 50g
　　　·40 度米酒 600cc

工具　800cc 玻璃浸泡罐或瓶

步驟

1　人蔘或人蔘鬚先洗淨晾乾，必要時切碎較容易溶出內容物。若要像市售的人蔘酒內含一根人蔘，最好將裝飾的人蔘另外處理。

2 將處理好的人蔘浸
泡到 40 度酒中。民
間家庭一般都用米
酒浸泡，在酒廠或
藥廠是直接用食用
酒精調降酒精度後
浸泡。

3 浸泡的時間與每天是
否有攪動以加速溶出
有關，一般浸泡 3 ～
6 個月為原則。

4 浸泡完成後，通過
過濾、澄清取得酒
液。必要時將浸泡
過的人蔘酒渣，透
過再蒸餾取得酒精
度更高的人蔘酒，
再做勾兌，人蔘酒
會更完美。

- 人蔘酒可獨自用人
  蔘浸泡，也可以加
  枸杞一起浸泡，酒
  色會呈現金黃色，
  外觀看起來較有質
  感又好喝。

- 人蔘酒在藥廠生產
  是屬於成藥，不需
  課酒稅，所以市價
  會較低，而且酒精
  度也會較低。在一
  般酒廠生產則算是
  再製酒，課酒稅很
  重，以 1 公升為單
  位課稅，不是以酒
  精度課稅，所以一
  般酒廠生產的人蔘
  酒酒精度較高。

羊奶頭酒（牛奶埔酒）

　　羊奶頭為桑科植物台灣榕，台灣藥用植物界一般都稱它為台灣天仙果、山拔仔。藥用一般是用全株。民間常用新鮮羊奶頭燉雞肉特別好吃，有一股特別的清香(似番石榴香)，故又稱山拔仔。全年均可採收，鮮用或曬乾。藥性：味甘、微澀，性平。功能為活血補血、催乳、止咳、祛風利濕、清熱解毒。主治月經不調、產後或病後虛弱、乳汁不下、咳嗽、風濕痺痛、跌打損傷、背癰、乳癰、毒蛇咬傷、濕熱黃疸、急性腎炎、尿路感染。

　　羊奶頭是台灣民間的草藥偏方，客家人常用於強壯筋骨，預防閃腰及小孩轉大人時必喝的補帖，效果明顯，我很喜歡。我在民國91年設酒廠時，曾把它列為生產的酒品項目之一 (今朝天仙果酒)，當時的制度規定在生產酒品前，皆須向財政部申請酒標籤，可惜的是未獲通過，原因是當時認定牛奶埔非國家認可之中藥材，屬於民間偏方，其成分尚未通過毒性試驗前不得使用。這是祖先幾百年留下的好經驗，卻因為見解不同無法上市非常可惜。羊奶頭酒完成時，酒色呈現琥珀色，酒香宜人，可媲美國外的威士忌。當初的構想是想利用中國獨有、較普遍的青草藥材，做出有酒香、酒色又有療效的酒，推廣成為威士忌等級的台灣本土酒品。

🥃 羊奶頭酒製法

成品份量　1台斤（600g）

製作所需時間　3個月

材料　· 牛奶埔 60g
　　　· 40度米酒 600cc

工具　800cc 玻璃浸泡罐或瓶

步驟

1 將牛奶埔的根部或莖部先洗淨晾乾，切段或切碎較容易溶出內容物。

2 將處理好的根莖部片或塊，浸泡到40度酒中。民間家庭一般都用米酒浸泡，酒廠是直接用食用酒精調降酒精度後浸泡。

4 浸泡完成，通過過濾、澄清動作取得酒液，必要時將浸泡過的羊奶頭酒渣再蒸餾，取得酒精度更高的羊奶頭酒，再做勾兌，羊奶頭酒會更完美。

3 浸泡的時間與每天是否有攪動以加速溶出有關，一般浸泡 3 ～ 6 個月為原則。

〈 注意事項 〉

◆ 羊奶頭可獨自浸泡，也可以加些紅棗、枸杞一起浸泡，酒色會呈現琥珀色，較有質感又好喝，而且保健效果明顯。

◆ 羊奶頭酒屬民間偏方藥用，主要適用於增強筋骨及預防腰閃到的保健，一般市場很少賣，大都是自己浸泡給家人或親戚使用，酒精度都在 35 ～ 40 度之間。在民間，一般羊奶頭若不泡酒，最常直接用來燉雞湯或排骨，給小孩轉大人時喝的補帖，非常有效又好喝。

茶酒

　　茶酒的浸泡與冷泡茶雷同，主要是利用酒的液體，在一定的比例下，將茶葉中的成分及色澤有效的溶出，達到酒味香、酒色美的境界。至於用何種茶葉，並沒有限制，主要依自己的喜好與需求，我個人喜歡用重焙火的茶來做茶酒，較容易達到酒色深美、酒味較香的要求，如烏龍茶、鐵觀音、普洱茶、紅茶都是首選。至於清茶、綠茶做出來的茶酒，酒色偏金黃色到淡黃色，茶酒味也較淡而不突出。由於茶葉的有效成分與色澤要被溶出，所以茶葉的切工很注重，一般茶包的切工細目是在 20 ～ 40 目，所以沖泡容易出味。我喜歡用現成茶包來做茶酒，如果用高級茶葉來做茶酒，浸泡時間會因茶葉的展開出味而比用茶包來做茶酒拉長一些時間，其他條件是不變的，如果浸泡茶葉前，先將茶葉再烘過，所浸泡出的茶酒會多一種焦香味。至於喝茶酒有甚麼好處，個人認為與喝茶差不多，但在經濟價值上會讓酒增色不少。

　　我在原住民部落傳授釀造課程的職業訓練時，為了要讓他們感受再製酒的魅力與方法，常教他們利用便宜的台菸酒 20 度米酒浸泡茶葉，改變成茶酒，等 10 天的浸泡期後，再過濾澄清換另一種瓶型裝酒，貼上設計的標籤，經濟價值就從原本 27 元的米酒變成 250 元的高檔茶酒。

🍶 茶酒製法（用米酒或蜂蜜酒浸泡，注意需搖動茶葉）

成品份量　約1台斤（600g）

製作所需時間　10 天

材料　・焙烤後的茶葉 6g
　　　・20 度米酒 600cc

工具　800cc 玻璃浸泡罐或瓶

步驟

1 取一瓶酒精度 20 度的米酒，先倒出 20
cc，然後依自己喜歡的口味加入乾的茶
葉或茶包 6g。

3 製作茶酒最重要的思維是與冷泡茶模式雷同，只是酒的溫度不提升，用室溫泡酒，而且使用酒精度 20 度的酒。在民間用 20 度米酒浸泡，若大量生產用食用酒精稀釋較好，主要是浸泡用的基酒無突出之酒香味最重要。

2 每天搖動 1 次，若用茶包約只需 5 ～ 10 天，若用茶葉約 6 ～ 7 天即可。將茶渣取出過濾，以免苦澀味出現。此時可加入少許果糖，與茶酒繼續陳放約 10 天後，即可正式飲用，是一款有茶香味的茶酒。

4 浸泡的時間與每天是否有攪動以加速溶出有關，一般浸泡 1 ～ 3 個月為原則。

〈 注意事項 〉

◆ 茶葉的粉碎細目會影響茶葉被萃取的色澤與茶香味。一般市售茶包粉碎度約 40 目，做冷泡茶效果很好，故建議用茶包做茶酒。

◆ 茶酒的香氣和浸泡的酒液有絕對關係，可直接用蜂蜜酒及葡萄蒸餾酒泡茶酒，香氣非常獨特。

◆ 用重焙火的茶葉做茶酒較適合，如烏龍茶、紅茶、鐵觀音、普洱茶等，容易達到色濃味香的茶酒。

🍃 方法二：用米酒或蜂蜜酒浸泡（注意不需搖動茶葉）

成品份量 約 1 台斤（600g）

製作所需時間 15 天

材料 ・烘好火候之茶葉 22.5g
     ・酒精度 25 度以上的米酒 3 台斤（1800cc）

工具 1800cc 玻璃浸泡罐或瓶

步驟

1 將秤好的茶葉放入浸泡罐或濾網中，浸泡罐的大小要考慮茶葉能展開為原則。

2 加入調好酒精度的米酒（或蜂蜜酒）浸泡。

3 先不加糖，浸泡 15 天，即可過濾得到茶酒。

4 千萬不要浸泡太久，浸泡超過 15 天會產生茶澀味。

5 浸泡後可每天搖浸泡罐 1 次，以增加茶葉成分及顏色的溶解度。

6 浸泡 15 天即過濾茶葉後，可再加甘味劑，如冰糖、果糖、蜂蜜，以增加口感。加糖後再浸泡 10 天，風味為最好。

〈 注意事項 〉

◆ 另有人建議最好以 40 度的米酒浸泡，而且茶酒喝起來的風味會最佳。

◆ 也有人建議茶葉只浸泡於酒中 3 天就要取出，較不會有茶澀味出現。我個人試驗幾乎是浸泡 10 天後茶香最香，而米酒味完全喝不出來，不過茶葉品質對茶酒風味的影響很大，要注意茶葉品種的選擇。

◆ 茶葉的份量最好按泡茶的一般標準比例添加。加太多茶葉或酒量太少都會讓茶味太濃及產生苦澀味。另外搖動酒體太頻繁，也會較容易產生苦澀味。

◆ 如果要浸泡茶枝，由於梗較粗，浸泡的酒精度可提高些。

◆ 其他浸泡葉類的產品基本製法相同。風味的濃淡取決於原料的多寡或浸泡時間。

五葉松酒

　　五葉松是台灣特有植物，別名山松柏、五葉松、松柏、松樹、玉山松、短毛松、台灣五針松、台灣松（中國裸子植物志），台灣白松（經濟植物手冊），台灣五鬚松（植物分類學報），臺灣五針松（中國樹木學）。分布於中央山脈海拔 300 ～ 2000 公尺之山區，沿山脊散生，或與闊葉樹針葉樹種混生，不成純林，目前普及全省各地皆可種植。其特徵是：葉針形，5 根一束，剛硬作射出狀，松針長 4 ～ 10 公分。另外是一種二葉松，純粹做觀賞植物，其特徵是：葉針形，2 根一束，剛硬作射出狀，松針長 4 ～ 10 公分。在採集時千萬不要混淆。五葉松的嫩葉也有人直接打成汁加些蜂蜜來喝，以提升免疫力，效果很好。而浸泡的五葉松酒或醋則對聲音沙啞或練氣功行氣有特殊效果。

五葉松酒製法

成品份量　約 1 台斤（600g）

製作所需時間　3 個月

材料　·新鮮五葉松 100g
　　　·40 度米酒 600cc

工具　800cc 玻璃浸泡罐或瓶

步驟

1 將五葉松葉連細枝一起清洗、瀝乾。一起剁碎或直接拔取五葉松葉，捨棄松枝。

2 將處理好的五葉松
葉放置於浸泡缸，
倒入 40 度的米酒，
至少要淹過五葉松
為原則。

3 若大量浸泡時怕五
葉松會浮起而變
質，可在上面放一
個瓷盤壓住表層，
強迫五葉松沉下，
浸泡 1 個月至五葉
松葉變黃，酒液呈
琥珀色，有濃郁的
五葉松味。

〈 注意事項 〉

◆ 五葉松一定要用新
鮮的，而且越嫩越
好，太老的苦澀味
會增加。

◆ 五葉松不要採集路
邊的，容易殘留汽
柴油味。

Chapter

2

單味再製酒

橄欖酒

　　橄欖是中國南方特有的亞熱帶常綠果樹之一，屬於橄欖科，橄欖屬。國外的油橄欖源自地中海一帶。橄欖果別名青果，因果實尚呈青綠色時即可供鮮食而得名。又稱諫果，因初吃時味澀，久嚼後，香甜可口，餘味無窮。「桃三李四橄欖七」，橄欖需栽培 7 年才掛果，成熟期一般在每年 10 月左右。新橄欖樹開始結果很少，每棵僅生產幾公斤，25 年後才顯著增加，多者可達 500 多公斤。橄欖樹每結一次果，次年一般要減產，休息期為 1～2 年，故橄欖產量有大小年之分。

　　橄欖富含鈣質和維生素 C。主要分布在福建、廣東（多屬烏欖），其次廣西、台灣，此外還有四川、雲南、浙江南部。世界栽培橄欖的國家有越南、泰國、寮國、緬甸、菲律賓、印度以及馬來西亞等。

　　青橄欖營養豐富，果肉內含蛋白質、碳水化合物、脂肪、維生素 C 以及鈣、磷、鐵等礦物質，其中維生素 C 的含量是蘋果的 10 倍，梨、桃的 5 倍。其含鈣量也很高，且易被人體吸收。中醫認為，橄欖性味甘、酸、平，入脾、胃、肺經，有清熱解毒，利咽化痰，生津止渴，除煩醒酒，化刺除鯁之功，冬春季節，每日嚼食 2～3 枚鮮橄欖，可防止上呼吸道感染。兒童經常食用，對骨骼的發育大有益處。

　　浸泡橄欖酒的特性是，浸泡時間拉長，橄欖風味越濃郁，一般最好 2 年以上最好喝，浸泡時不一定要加糖一起浸泡，無糖的橄欖酒會有回甘的感覺。每天睡前喝 30cc，保健身體。

橄欖酒製法

成品份量　約 1 台斤（600g）

製作所需時間　1 年

材料　· 新鮮橄欖 300g
　　　· 40 度米酒 600cc

工具　800cc 玻璃浸泡罐或瓶

步驟

1 將橄欖去蒂頭、洗淨、晾乾備用。

3 用小刀將每個橄欖外皮劃 2～4 道的刀痕。

3 取 40 度酒倒入，以淹過橄欖為原則。

4 一般浸泡酒的基本原則是浸泡物為 1，酒是浸泡物的 2 倍。若浸泡物會浮上來時，一定要用器皿壓下，要完全浸泡到酒液才行。

〈 注意事項 〉

◆ 浸泡的酒液一定要用 40 度酒。

◆ 浸泡橄欖的品種最好選擇傳統橄欖，橄欖核呈現兩頭尖尖的最好。另一種則是兩頭橢圓形（是錫蘭橄欖），一般的說法是此種橄欖做蜜餞較好。另一種則是莎力橄欖，沒籽可直接當鮮果吃。

◆ 橄欖酒浸泡 2 年以上較好喝，顏色也較深。

威士忌

　　廣義解釋，「威士忌」是所有以穀物為原料所製造出來的蒸餾酒之通稱。雖然在傳統觀念上，許多人都認為威士忌是以大麥為原料製造，但實際上卻不是如此。這樣的情況有點類似白蘭地，雖然許多人都認為只有以葡萄為原料所製造出來的蒸餾酒才叫白蘭地，但事實上，白蘭地這名詞泛指所有以水果為原料所製造出來的蒸餾酒。

　　威士忌這名詞本身的定義並不是非常嚴謹，除了只能使用穀物作為原料這個較為明確的規則外，有時剛蒸餾完畢還處於新酒狀態的威士忌，本身特性其實與其他的中性烈酒（如伏特加、白色蘭姆酒）差異並不大。幾乎所有種類的威士忌都需要在橡木桶中陳年一定時間之後才能裝瓶出售，因此我們可以把陳年這道手續列為製造威士忌酒的必要過程。除此之外，要能在蒸餾的過程之中保留下穀物的原味，是威士忌另一個較為明確的定義性要求，以便和純穀物製造且過濾處理的伏特加酒或西洋穀物酒（例如Everclear）區別。

除了上面兩個重點以外，威士忌這個酒種並沒有很明確的分類邊界可以明確定義。相比之下，一些比較細目的威士忌分類反而擁有非常嚴謹的定義，甚至分類法規。這樣的定義特性類似於中國對白酒的定義方式，同樣都是同屬一類，但主要成分可能差異很大。

威士忌製法

成品份量　1 公斤（1000g）

製作所需時間　6 個月

材料　·燻烤過橡木片 10g

　　　·40 度穀類蒸餾酒 1 公升
　　　（1000cc）

工具　1800cc 玻璃浸泡罐或瓶

步驟

1 將燻烤過的橡木片
用冷開水或低度酒
清洗過,若橡木片
太大塊,要整理劈
切成小塊後再放入
罐中。

2 倒入 40 度的穀類蒸
餾酒,以至少淹過
燻烤橡木片為原則。

3 浸泡時間約 2 ~ 4
個月,要看當批的
橡木片品質而定。
若要快速完成,可
每天攪動 1 次,橡
木的香氣與色澤溶
出較快。

〈 注意事項 〉

◆ 酒香的好壞,完全
出自橡木片的品
質,但至少自己動
手做的橡木酒不會
額外添加橡木香精
或香料,也就不會
產生浮油現象或不
該有的油漬味。

◆ 國外很多都是用橡
木桶釀酒或儲酒,
形成標準的風味。
台灣沒生產橡木
桶,都要靠進口,
除大酒廠或觀光酒
廠外,比較不會用
橡木桶釀酒或儲
酒,所以民間普遍
用進口已燻烤過的
橡木片,效果也很
好,只是展示時不
夠氣派。

白蘭地

　　橡木在葡萄酒釀造時主要用於製作酒桶，是葡萄酒酒桶製造的一種主要材料。它對葡萄酒最終的色澤、氣味、口感和質地都有巨大的影響。也可以在不鏽鋼的儲酒桶中加入已處理過的橡木片類的物質，與葡萄酒一起浸泡一段時間，即有特殊風味。

　　橡木製作的葡萄酒可以令葡萄酒發揮出極佳的陳化潛力，並為其增添更多的風味。酒桶的大小也是一個需要注意的因素，因其與酒的接觸面積不同而會產生不同的影響。最常見的橡木酒桶是波爾多式酒桶，容量 225公升（59 美制加侖），以及勃艮第式酒桶，容量 228 公升（60 美制加侖）。一些美洲的釀酒人可能會用更大約 300 公升（79 美制加侖）的大桶。義大利的一些葡萄酒（例如巴羅洛葡萄酒）會使用更大的桶。新桶比舊桶更能增添風味，在經過 3 ～ 5 次藏酒之後，其特有的橡木桶風味就會消失，轉變成迷人的白蘭地風味。

白蘭地製法

成品份量　約1公斤〔1000g〕

製作所需時間　6個月

材料　· 燻烤過橡木片 10g

　　　· 40 度水果蒸餾酒 1 公升
　　　〔1000cc〕

工具　1800cc 玻璃浸泡罐或瓶

步驟

1 將燻烤過的橡木片用冷開水或低度酒清洗過，若橡木片太大塊，要整理切小塊，放入罐中。

步驟

2 倒入 40 度的水果蒸餾酒，至少以淹過燻烤橡木片為原則。

3 浸泡時間約 2 ～ 4 個月，要看當批的橡木片品質而定，若要快速完成，可每天攪動一次，橡木的香氣與色澤溶出較快。

〈 注意事項 〉

◆ 酒香的好壞，完全出自橡木片的品質，但至少自己動手做的橡木酒不會額外添加橡木香精或香料，也就不會產生浮油現象或不該有的油漬味。

◆ 國外很多都是用橡木桶釀酒或儲酒，形成標準的風味。台灣沒生產橡木桶，都要靠進口，除大酒廠或觀光酒廠外，比較不會用橡木桶釀酒或儲酒，所以民間普遍用進口已燻烤過的橡木片，效果也很好，只是展示時不夠氣派。

竹釀酒

　　竹釀酒是我很喜歡的一種再製酒。在國外，大都用橡木來輔助以提升酒的風味，而台灣的橡木桶或橡木片都要靠進口，但是在台灣山地卻生產很多竹子，價格也便宜。當初我在食品界研發保健食品時，曾經對民間傳統中藥材綠豆簀非常有興趣，也深入去了解，所以在 91 年設酒廠之前，就將民間解毒偏方中的綠豆簀，以竹子發酵的概念，用竹子來釀酒，以增加保健效果，經不斷試驗各種竹子品種，最後確定用桂竹的風味最佳，因此開發此酒做為我廠酒品之一（今朝竹釀酒）。曾看到大陸酒廠用竹子造型來裝酒行銷，與我用新鮮竹子來浸泡酒的概念不同，不過竹釀酒與竹葉青的做法是雷同的。經過浸泡後會產生竹子的香氣與色澤，提升酒的品質與附加價值。

🍶 竹釀酒製法

成品份量　適量

製作所需時間　30 天

材料　· 一年以上生的新鮮桂竹數枝
　　　· 40 度高粱酒適量

工具　新鮮桂竹

步驟

1 將一年以上生的桂竹底端、距離竹節部位 10 公分以下鋸斷，每枝桂竹長約 150 公分左右，最好上端從竹節往上留下 10 公分的長度。

2 取一根不銹鋼鐵條，從竹枝內部上端往下戳，將竹節打通，保留最下面一層竹節膜不打通。為避免不小心打通底部竹節，可先將不鏽鋼鐵條放在竹筒外面量好長度，一手握住量出之長度端，一手握住竹筒，小心戳竹節。

3 將 40 度高粱酒灌入竹節至滿，上面封上塑膠袋並用橡皮筋封緊，綑綁樹立於牆邊，不要曬到陽光，靜置 1 個月即可倒出酒液。

3 過濾後，微調酒精度至 40 度，即可裝瓶、封瓶熟成。

〈 注意事項 〉

◆ 使用儲酒的竹子，一定要用新鮮的桂竹，而且要用一年以上生的桂竹，最好用兩年生的竹子。

◆ 罐滿酒的竹筒，前 1～2 天要多檢查是否會滲漏，發現後一定要迅速排除，否則 1 個月後就完全漏光成空竹筒。

蒜頭酒

　　大蒜，多年生草本植物，百合科蔥屬。地下鱗莖分瓣，按皮色不同分為紫皮種和白皮種。辛辣，有刺激性氣味，可食用或供調味，也可入藥。主要成分含揮發油約 0.2％，油中主要成分為大蒜辣素，具有殺菌作用，所含的蒜氨酸受大蒜酶的作用水解產生。尚含多種烯丙基、丙基和甲基組成的硫醚化合物等。它原產地在西亞和中亞，自漢代張騫出使西域，把大蒜帶回國安家落戶，至今已有兩千多年的歷史。

　　大蒜是人類日常生活中不可缺少的調料，在烹調魚、肉、禽類和蔬菜時有去腥增味的作用，特別是在涼拌菜中，既可增味，又可殺菌。習慣上，人們平時所說的「大蒜」，是指蒜頭而言。

大蒜的保健作用：

1、強力殺菌。

2、防治腫瘤和癌症。美國國家癌症組織認為，全世界最具抗癌潛力的植物中，位居榜首的是大蒜。

3、排毒清腸，預防腸胃疾病。

4、降低血糖，預防糖尿病。

5、防治心腦血管疾病。每天吃 2 ～ 3 瓣大蒜，是降壓最好最簡易的辦法，大蒜可幫助保持體內一種酶的適當數量而避免出現高血壓。

6、保護肝功能。

7、旺盛精力。

8、預防感冒。大蒜中含有一種叫「硫化丙烯」的辣素，對病原菌和寄生蟲都有良好的殺滅作用，可預防感冒，減輕發燒、咳嗽、喉痛及鼻塞等感冒症狀。

🦷 蒜頭酒製法

成品份量　1 台斤（600g）

製作所需時間　3 個月

材料　· 蒜頭 200g

　　　　· 40 度米酒 600cc

工具　800cc 玻璃浸泡罐或瓶

步 驟

1 將蒜頭剝皮、去膜、
洗淨、晾乾備用。

2 可用刀將每個蒜頭
切片,也可不切直
接浸泡。

3 取 40 度的米酒倒
入,以淹過蒜頭為
原則。

4 一般浸泡酒的基本原
則是固形物為 1,酒

是固形物的 2 倍。當
固形物會浮上時,若
大面積浸泡一定要用
器皿壓下,要完全浸
泡到酒液才行。

〈 注意事項 〉

◆ 浸泡有果實的酒液
一定要用 40 度酒。

◆ 浸泡蒜頭酒,蒜頭
越新鮮越好,皮膜
剝乾淨酒質就會更
清澈。

◆ 蒜頭酒浸泡 1 年以
上較好喝,要喝的
時候先過濾,一般
用在料理也很多。

洋蔥紅酒

　　一般的觀念，釀造的葡萄酒具有養顏美容、補血的功效，而洋蔥具有殺菌消毒的功效，若把洋蔥浸泡於葡萄酒中相互搭配，味道很協調，至於功效則見仁見智。網路上流行紅酒葡萄酒泡洋蔥的功效提供各位參考。

　　可預防老年痴呆症、治療高血壓、可以降低血糖、治療老花眼、可治療「夜晚頻尿症」、對長期不眠症有療效、治療失眠、有明目的作用、治療白尿症。

🔮 洋蔥紅酒製法

成品份量　1台斤（600g）

製作所需時間　10 天

材料　・洋蔥 1/2 ～ 1 顆
　　　・12 度紅葡萄酒 600cc

工具　800cc 玻璃浸泡罐或瓶

步驟

1 將洋蔥洗淨，剝去茶色外表皮，切半，上下端再切掉一些，再切成八等分半月型細條狀。

2 將切好的洋蔥片裝入浸泡罐，加入紅葡萄釀造酒，淹過洋蔥片為原則。

3 密封放於陰涼處。

4 一般浸泡酒的基本原則是固形物為 1，酒是固形物的 2 倍。當固形物會浮上時，若大面積浸泡一定要用器皿壓下，要完全浸泡到酒液才行。

5 浸泡約 10 天後，放於冰箱冷藏，過濾後即可飲用，濾出的洋蔥渣可用來炒牛肉。

〈 注意事項 〉

◆ 一般人認為喝洋蔥葡萄酒對保護心臟有效果，每日喝一小杯（20 ～ 50cc）即可，浸過的洋蔥片也可以一起食用。

◆ 若想喝甜的，可加蜂蜜調整。

🍄 牛樟芝酒

牛樟芝（Antrodiacinnamomea），俗名牛樟芝，又名牛樟菇、樟菇、窟內菰、神明菇，是一種藥用真菌，為多孔菌科（Polyporaceae）薄孔菌屬（Antrodia）的一種真菌，主產地為台灣。牛樟芝的外型呈板狀或鐘狀，表面呈鮭紅色，用於養生保健，類似靈芝，只生長在中海  拔的常綠闊葉大喬木的牛樟樹（Cinnamomumkanehirae）上。台灣原住民早期喜食用牛樟芝解宿醉。目前牛樟芝可以人工培植，有液體發酵法、固體培養法和段木栽培法，其中以野生的牛樟芝最好，但物稀價貴，被炒作後越來越少、越來越貴，人工段木栽培法次之。透過段木栽培法的樟芝子實體，具有抗氧化及抗癌的特性。

牛樟芝的成分複雜，其中重要成分有三帖類化合物、超氧歧化酵素、腺甘、多醣體、蛋白質、維生素、微量元素、核酸、凝集素、氨基酸、固醇類、木質素、血壓穩定物質等。其具備的功能包括有抗腫瘤、增加免疫能力、抗病毒、抗過敏、抗高血壓、抑制血小板凝集、降血糖、降膽固醇、抗細菌、保護肝臟等。

在台灣市售的牛樟芝來源可分為四大種類：

1. 野生牛樟芝：寄生在台灣特有牛樟木上，對環境要求很嚴苛，大約要一年以上才生長一小片，若要生成鐘狀，需十幾年。採集來源不穩定，現行法令買賣野生樟芝會觸法。

2. 液體栽培的菌絲體：約 15 天可培養完成，以樟芝菌液態發酵樟芝菌絲體，優點是成長速度快，成本低廉，缺點是成分與野

生樟芝有多少雷同。

3. 固態栽培的類子實體：約 3 個月培養完成，以樟芝菌植入特製的太空包栽培法，速度較快，通常業者會說固態栽培的是子實體。太空包表面會長出片狀菌體。

4. 牛樟木栽培的子實體：需 1〜2 年栽培，以樟芝菌植入牛樟木，利用菇菌培育技術栽培出子實體，能栽培出與野生相類似的牛樟芝。若牛樟木來源交代不清楚，容易觸法。近幾年在台灣特別流行此法。但要特別注意是要用牛樟木段栽培，若用類似的香杉木段栽培，價格差異很大，也會危害身體。

由於目前的牛樟芝酒，製作工藝不一，真假難分，而且單價非常昂貴，如果有興趣或需要者，最好自己浸泡萃取，才不容易受騙，至於浸泡在酒中的牛樟芝液是否有功效，目前仍無定論，尚需驗證。

成品份量 1 台斤（600g）

製作所需時間 3 個月

材料 · 牛樟芝 6g
　　　 · 60 度米酒或高粱酒（600cc）

工具 800cc 玻璃浸泡罐或瓶

步驟

1 若是使用天然子實體牛樟芝，先用低度酒清洗後，直接切片，浸泡於 60 度米酒或高粱酒中。

2 若是用菌絲體牛樟芝，切片後，浸泡於 60 度米酒或高粱酒中。

3 浸泡 3 個月即可以過濾取出酒液，其渣可再加入酒繼續浸泡，累積一定的可蒸餾量時，將酒液連同牛樟芝渣一起進行蒸餾。

4 蒸餾後的高度酒與浸泡酒一起勾兌成 60 度牛樟芝酒。

〈 注意事項 〉

◆ 牛樟芝非常昂貴，香味特殊、濃郁，而且很苦，浸泡用的酒量要控制好。

◆ 用酒浸泡後再蒸餾，出酒的酒精度會很高，注意不要用大火蒸餾，寧可蒸餾時間拉長些。

Chapter 3

再製酒（複合味浸泡酒）

一般都是主原料加上酒精就變成再製酒。但是所謂複合味的再製酒，通常出現在藥用領域，主要是要將療效溶出，方便虛弱的病人能吸收，這是一般所謂的藥酒觀念。

藥酒概念

所謂藥酒，一般是把植物的根、莖、葉、花、果，或動物的全部身體、內臟，或某些礦物質成分，按一定比例浸泡在低濃度的食用酒精、白酒、黃酒或水果酒中，使藥物的有效成分溶解於酒中，經過一段時間後過濾除渣而製成。也有一些藥酒是通過一些發酵方法所製成。

藥酒的製造起源，歷史十分悠久，因為酒既是飲料，又是藥物。相傳我國人民早在西周時期就有用藥酒治病的方法，《神農本草經》一書最早記載了藥酒的治療與藥酒的浸製，可見藥酒已流傳幾千年。另外從漢字結構上看，「醫」從「酉」（酒）演繹而來，生動地體現了醫與酒的密切關系。公元前 475 年至公元前 221 年的《黃帝內經》中也有不少酒的記述，其中〈湯液醪醴論〉篇專門論述了酒在防疾治病的重要作用，指明邪氣時至，服之萬全，因酒輕揚可通血脈，御寒氣，行藥勢，故可用酒浸泡一味或多味中藥材，在適當時飲用。有如「雞矢醪」治療經絡不通的記述等。

到漢代，藥酒逐漸成為中藥方劑的一個組成部分，在公元前 104 年至前 91 年，司馬遷《史記·扁鵲庖公列傳》中，有三石藥酒治療風厥胸滿，用良莤酒治婦人難產的記載。另外，公元 205 年張仲景《傷寒染病論》中，有用瓜蔞韭白白酒湯治療胸痹（心肌供血不足，心絞痛之類的疾病）。唐代，在公元 652 年孫思邈《千金要方》中，有藥酒方八十餘首。到明代偉大的醫藥學家李時珍〔 1518 ～ 1593 〕對藥酒進行了全面的研究和系統的

總結。在《本草綱目》中，擇述酒的來源及釀造法，記載兩百餘種不同功效的藥酒處方，可治內、外、婦、兒、五官等多科疾病。到清代，藥酒除了用於治病，養生保健藥酒也較為盛行，尤其是宮廷補益藥酒。

現代醫學研究表明，用酒浸藥，不僅能將藥物的有效成分溶解出來，使人易於吸收。由於酒性善行，能通血脈，還能藉以引導藥物的效能到達需要治療的部位，從而提高藥效。另外藥物久漬不易腐敗，便於保存，可以隨時飲用，這也是藥酒受到歷代醫學重視和大眾歡迎的原因。

藥酒的種類

〈藥酒的品種繁多，功效各異，常用的有以下六大類〉

1. 補益類：如十全大補酒、人蔘酒。

2. 壯筋骨，治不遂類：如鹿茸酒、五加皮酒。

3. 治皮濕脾病類：如風濕藥酒。

4. 治肺癆久咳類：如天門冬酒。

5. 治惡瘡類：如蝮蛇酒。

6. 外用藥類：如跌損傷藥酒。

〈另外按其浸泡藥物的不同，大致又可分為兩大類〉

1. 以治療為主的藥酒：其作用是祛風散寒、養血活血、舒筋通絡。

2. 以補虛強壯的補酒：其作用是滋補氣血、溫腎壯陽、益腎生津、強心安神。

藥酒的製備方法

〈基酒的選擇〉

中醫認為，酒本身就是一種藥，也可以治病，而且為百藥之長（酒，甘辛大熱，能通血脈、舒筋骨、行藥勢、去風散寒）。現代藥物也將酒精作為一種良好的有機溶劑，藥物用酒來泡製的原理就在此。故藥酒是酒劑，不但要求有可靠的藥效，還要求飲用者有較好的感受（外觀及口感），所以對基酒的選擇顯得越來越重要，而傳統藥酒製造往往忽略了這一點。「良藥苦口利於病」這是傳統說法，如今很多藥酒不但做到有療效，還做到了很好喝。另外「保健酒」一部分是針對特定人群（為壯陽酒），也有一些沒有明確的針對性（為營養滋補酒），以上這些酒中因為加入中草藥或其他因子，廣義來說也是一種加藥酒。目前大陸的藥酒分為兩種核准字號，「准」字號酒是為治病，「健」字號有保健作用，如海南椰島公司的鹿龜酒。

〈基酒的分類〉

從古至今泡製中藥材主要是用白酒與黃酒為基酒。古代藥酒多以釀造酒為主，其基酒多以黃酒為主，而黃酒較白酒緩和。現代的藥酒則多以白酒為溶媒，含酒精度一般在 50 ～ 60 度，少數品種仍用黃酒製作，含酒精度在 30 ～ 50 度，製作方法多為浸提法，很少用釀造法。其細分類為：

蒸餾酒類：有白酒，如：清香型小曲酒、清香大曲酒、米酒、濃香型大曲酒、果白酒等，前三種酒的使用最普遍，為使用清香型大曲酒的竹葉青酒，使用米酒的鹿龜酒，以及使用高粱酒的很多藥酒。

葡萄酒、果酒：不少低度露酒與營養保健酒用此類酒為基酒。

黃酒：例如大黃需要黃酒進行多次蒸製，其結合性大黃鈣明顯減少，鞣質成分卻幾乎沒有減少，所以經過酒炮製的大黃，其瀉下作用要緩和很多。

食用酒精：因為基酒的質量直接與成品酒質量有密切關係，所以各廠家對基酒的選擇均十分注意。台灣一般浸泡藥材以 40 度及 60 度蒸餾酒為多，但大陸現代的藥酒製作，多選用 50～60 度的白酒，因為酒精濃度太低不利中藥材的有效成分溶出，但酒精的濃度過高有時反而使藥材中的少量水分被吸收，使得藥材質地變堅硬，有效成分難以溶出。故適度的酒精濃度對浸出的藥物成分愈有利，如果泡酒的酒精度數偏低時，則浸泡時間應該適度延長，以利溶解出藥物的有效濃度而達到療效的目的。一般習慣較濕的藥材用高酒精度酒浸泡，對乾藥材用 35℃ 酒浸泡即可。

〈中藥材處方〉

中藥材及其他因子的「處方」是藥酒的核心，因為直接關係到藥酒的療效好壞。

一般應將藥材切成薄片，或搗碎成粗顆粒。凡是堅硬的皮、根、莖的植物藥材，可切成 0.3 公分厚的藥片，草質根莖可切成 3 公分長的碎段，種子類可以先擊碎。要嚴格按處方取劑量，並將藥材洗淨、晒乾。有些藥物還需要一定的加工處理。有一些來自民間的中藥材或藥方，更應弄清品名及規格，一定要防止同名異物或同物異名的藥材，以防搞錯。

傳統中醫藥處方往往要經過幾代人的努力摸索才逐漸形成與發展。

由於獨特的歷史與社會原因，有名的中藥處方往往都是所謂的祖傳祕方，不輕易傳人，對內對外絕對保密，不能相互交流，去偽存真，去粗取

精，在一定程度上影響了中醫藥的發展。但宋、明、清代以來，有人潛心收集各種醫藥配方及民間著述，其中藥酒近740種之多，足可供後代參考。

〈中藥材有效成分的製備〉

「處方」中的各種中藥材品種，如何將其中的有效成分提取出來，再組合一起，形成完整的「體」。藥材中有效成分的提取（泡製）有以下幾種方法：

酒浸、酒漬（浸漬法）：就是將中藥材（動、植物）直接浸入適當的基酒內，藥材中的有效成分逐漸溶入酒內，再調製而成藥酒。浸漬法又可分冷漬法和熱漬法。

‧冷漬法：是在常溫下進行，酒量一般為藥材的 8 ～ 15 倍為宜，可在這個範圍內酌情增減。浸泡後每天或隔日應震盪或攪拌 1 ～ 2 次，浸到一週後可改每週震盪或攪拌 1 次，浸泡時間一般須 1 個月，然後倒出上酒液，並壓榨殘渣，將壓出之液體與上酒液混合，再用紗布過濾即成。也可以在浸泡 1 週或 10 天後取上酒液飲用，並隨時加酒，加酒的數量要根據酒的顏色來確定，一般加到第一次浸泡酒的酒量就可以了（是指至少要淹過藥材的酒量）。冷漬法需要的時間較長。

‧熱漬法：在加熱的情況下進行，是藥材和酒同煎一定時間，然後放置冷卻、貯存。製作時應用隔水煮燉的間接加熱法，一般煮燉半小時即可，隔日再煮 1 ～ 2 次，放置 2 天即可飲用。由於浸泡溫度較高，所需時間亦較短。這種方法的優點是既可以加速浸出速度，又能使藥的有效成分完全釋出。但有些不易加熱的藥物不能採用此法。

釀造法：即是將中藥材粉碎或先將中藥材加水煎熬，過濾去渣後濃縮

成藥汁，也有些藥材可直接壓榨取汁，再將糯米煮成飯，然後將藥汁、糯米、酒麴拌勻，置於乾淨的容器中，加蓋密封保溫，盡量減少與空氣接觸，並保持一定的溫度，約 10 天左右，發酵後濾渣即成。

酒煮（煮出法）：用酒煎煮中藥，中藥材直接煮沸，溶出有效成分，調入酒內。

酒淬（淬法）：比較少見，即是將所選之藥物（不粉碎）在火中鍛燒，立即放入酒中淬之，取酒使用。該法較少，主要是一些礦物性藥物取用此法。

淋法：將所選藥物泡製後，用酒淋之，提出有效成分。

另外還有酒蒸法、酒煨法、酒炒法、酒研法、酒洗法、酒灸法之說。

〈藥酒的調製、陳釀〉

藥酒的調製

‧選好基酒後，如選擇米酒（蒸餾酒），將米酒經一段時間的陳釀，使米酒更醇香可口，保證基酒的質量。

‧中藥材中有效成分的提取，需按正確方法，有些需對個別藥材先進行處理。

‧基酒與中藥材有效成分的調和，可按企業標準或藥典規範來控制酒精度、總糖度、色度、PH 值等。

‧調相和調味：根據消費者的愛好，適當調入香料、甜味劑，使口感協調，使難喝變得好喝。

藥酒的陳釀

藥酒與其他飲料酒一樣,調製好後,需經一定時間的陳釀,使藥味溫和、酒味醇爽,諸味協調。藥酒的陳釀時間又與飲料酒不盡一致,因為要考慮藥效,要根據藥物中有效成分來決定。

藥酒陳釀期間,一部分物質會從酒中析出沉澱,這是正常現象,在罐裝前過濾去除。

藥酒陳釀期間,同樣要密封隔氧,防止「氧化」或「過氧化」,影響藥效和口感。

〈藥酒的罐裝與貯存〉

經調製和一定時間陳釀的藥酒,過濾後即可罐裝。但無論飲什麼酒都要適量,不可過度,避免引起酒精中毒。藥酒的貯存宜選擇溫度變化不大的陰涼處,室溫以 10 ~ 25 度為佳,不要與有刺激性的物品一起混放。夏季貯存時要避免直接日照,以免藥酒有效成分被破壞而降低藥酒的功效。

〈藥酒的飲用法〉

藥酒由於所含的藥物成分不同,功用與適應症也不同,因此必需合理選用,才能產生較好的療效。多數的藥酒是內服的,但是也有外用的,還有一些藥酒既可以內服又可以外用。藥酒是用酒浸泡中藥材,它不同於一般酒,除具有滋補養生的性質外,還有規定劑量和療程的治療類藥酒,病癒後應立即停飲。藥酒一般應在飯前飲用,藥物的有效成分有一部分會因食物而發揮藥效。佐餐飲用則藥物的有效成分有一部分會被食物所吸收而影響藥效。

藥酒以溫飲為佳，更能發揮藥酒溫通補益的作用。要針對病情選用不同的藥酒。不同作用的藥酒不可交叉飲用，以免影響藥酒療效。有些藥酒有少量積於瓶底的沉澱物，為無效成分，不宜飲用。飲用補益類藥酒，忌與蘿蔔、蔥、蒜等一同服用。在飲用藥酒時，要評估人對酒的耐受力，每次可飲用 10 ～ 30 毫升，每日早晚飲用，或根據病情及藥物的性質與濃度調整。藥酒不可多飲濫服，否則會引起不良反應。一般酒精度較少的藥酒，少量飲用可使唾液、胃液分泌量增加，有助於胃腸的消化與吸收。

〈藥酒的外用法〉

藥酒既可內服又可局部外用，有些人質疑局部外用何以能治療疾病？主治何種疾病？這是因為酒能通經絡，它有芳香走竄的特性，可以增加局部血液循環，增強軟組織彈性，舒緩組織的痙攣，同時還能興奮局部的神經纖維所致。

由於酒是一種良好的溶劑，可將人體表皮的脂質脫掉，進而增加了藥物對皮膚的滲透作用及增加對皮下組織的滲透作用，這就可以起到舒筋活絡、活血化瘀、消腫止痛、袪除風濕的功效。由此可知，藥酒的外用主要用於運動系統外表損傷，如關節肌肉的跌打損傷、風濕、神經痛等症。外用藥酒在治療上述諸症時，不只是外面塗擦，在塗擦的同時應用手指掌法，在患者的傷處做一些按摩、推拿，這樣更能增加療效。病人可採坐姿或臥姿，擦藥酒後按摩推拿時間一般為 15 ～ 25 分鐘為宜。隔日或每日一次，每 5 ～ 7 次為一個療程。外用藥酒除非標明可內服，否則不應內服，以免引起中毒反應。

客家藥酒

　　此為早期勤儉的客家人因常做粗重工作，常常會因此造成筋骨痠痛扭傷、身體暗傷、閃腰而發展出來的實用保健兼治療處方。我在 1996 年幫台北某家瘦身公司開發代工瘦身茶，從一家常配合的茶葉包裝廠處得到此一親身體驗的療效配方。據老闆說此配方是傳自桃園茶業改良場內辛勤工作的客家員工，已傳了好幾世代。當初半信半疑，但經過半年多的個人研究、試驗、體驗及與朋友分享回饋，發現對腰閃到有神奇療效，只要喝一瓶 600cc 的藥酒就可以解除痛苦，另外它的口味非常協調好喝，從此將此配方收入我的居家保健配方，並隨時分享給有緣的人。後來也從市面上常賣的羊奶頭雞湯中，發現羊奶頭就是小時候母親常燉給我喝、作為小孩轉大人的天然補品。網路上也有人介紹，羊奶頭又稱為台灣天仙果，有一種特殊的香味，拿來燉雞湯是一種很普遍也很美味的料理。它是一種常見的藥用植物，具有消除筋骨痠痛、強健腳力等妙效。其實，是不是真的具有這些療效並不重要，重要的是，羊奶頭燉雞湯真的很好吃。

🍶 客家藥酒製法

成品份量　3台斤（1800g）

製作所需時間　3個月

材料　· 40 度米酒（酒精度不低於
　　　　 35 度）3台斤（1800g）

　　　· 小號山葡萄根 17g
　　　　（紅色）

　　　· 宜梧 22g
　　　　（雞哈頭、雞喀頭）

　　　· 羊奶頭（牛奶埔）53g

　　　· 冰糖（細塊）50g

工具　5台斤（3000g）桃太郎浸泡罐

步驟　　**1** 將藥材用水洗乾淨，瀝乾待用。太大塊的最好切碎。

2 將瀝乾好的藥材直接放置於玻璃罐內。

3 將 3 斤的 40 度米酒倒入玻璃罐內（酒至少要淹過藥材為原則）。

4 再用塑膠袋蓋住瓶口，外面再用橡皮筋套緊。

5 浸泡後的幾天，每天搖瓶 2 次，以增強藥材溶解度。

6 浸泡 10 天後即可開封飲用，或放入甘味劑、冰糖，再浸泡 10 天即可飲用。

7 傳統民間一般都浸泡 3 個月以上，認為藥性才能入味，且一般也習慣直接將冰糖與藥材一起浸泡。

〈 飲用法 〉

◆ 保健期：每日 1 小杯，約 30cc，晚飯後飲用。

◆ 治療期：每日 2 小杯，約 60cc，早、晚飯後飲用。

〈 注意事項 〉

◆ 裝酒容器一定要洗乾淨，不能有油的殘存，否則風味較差。

◆ 山葡萄根一定要用小號紅色品種。

◆ 冰糖的多寡可依個人口味調整。

◆ 不先放甘味劑主要之用意，是讓酒能先溶解藥材，可縮短浸泡時間。

◆ 大陸的浸泡藥酒法通常是浸泡 10 天後，將大部分的藥材撈起來再放甘味劑，再浸泡 10 天即可飲用。泡久風味會更好。

菊花酒

　　菊花品種繁多，頭狀花序皆可入藥，味甘苦，微寒，散風，清熱解毒，這就是藥菊。按頭狀花序乾燥後形狀大小，舌狀花的長度，可把藥菊分成四大類，即白花菊、滁菊花、貢菊花和杭菊花四類。在每一類裏則根據原產地取名。在白菊花類裏，以產安徽亳縣的亳菊品質最佳，其次如河南武陟的懷菊，四川中江的川菊，河北安國的祁菊，浙江德清的德菊等，在台灣以苗栗縣三義、銅鑼一帶出產杭菊較多。由於購買菊花時，許多人對是否有農藥殘留，抱持著諸多疑惑，所以選購時要向有信用的商家購買才會安全。

　　菊花性涼，氣虛胃寒、食少泄瀉者慎服。功能主治：散風清熱，平肝明目。用於風熱感冒，頭痛眩暈，目赤腫痛，眼目昏花。

　　現代科學已能提取菊花中的有效成分，製成菊花晶、菊花可樂等飲品，讓喜愛快捷省時的人飲用更為方便。菊花茶是老少皆宜的茶飲品，健康的人平常也可當開水飲用。也有人利用菊花釀成菊花酒，釀酒菊花品種的選擇大都以可泡菊花茶的品種就可以是由菊花加糯米、酒麴釀製而成，古稱「長壽酒」，其味清涼甜美，有養肝、明目、健腦、延緩衰老等功效。

🔸 菊花酒製法

成品份量　1 台斤（600g）

製作所需時間　3 個月

材料　· 乾菊花 60g

　　　· 枸杞 12g

　　　· 當歸 12g

　　　· 生地 36g

　　　· 40 度米酒 600cc

工具　800cc 玻璃浸泡罐或瓶

步驟

1 將原料粉碎變成粗末，置於浸泡提淬取用的罐中，加米酒（分兩次加，每次 300cc），浸泡 7 ～ 9 天。每天攪拌 4 ～ 5 次，每次攪拌 15 分鐘。

2 也可以分兩次浸提，第一次用 300cc 米酒浸提 5 ～ 7 天，第二次用 300cc 米酒浸提 3 ～ 5 天，再合併浸提酒液。

5 濾出藥酒，調整酒精度或調味劑，靜置、澄清、過濾、分裝。

〈注意事項〉

◆ 本藥方滋陰清熱、養肝明目，主治肝腎不足之頭痛、頭暈目眩、耳鳴、腰膝酸軟、手足震顫等症。

◆ 處方說明：甘菊花，疏風散熱、平肝明目、涼血降壓。生地，清熱涼血、養陽生津、強心、降血糖。枸杞，補肝腎、益精血、明目、抗衰老、保肝、降血糖。當歸，活血補血、調經止痛、潤腸、降血脂。

◆ 服用方法：每日兩次，每次飲用20～30cc，早晚空腹溫飲。

八珍酒

八珍是四物藥材加上四君子藥材所組成，功效是滋補氣血，調理脾胃。

一般來說四物的藥材通常為當歸、川芎、生地、芍藥。其效能為澤容顏、暖子宮、養血調經。主治一切血虛及婦女經症、貧血、月經不調、產前產後諸症。其中「當歸」具養血（補血）以及活血（促進血液循環）功能；「川芎」功效與「當歸」相近，但其活血的功能更強；「生地」性較涼。用於料理有四物雞、四物豬肉湯、四物腰子湯、四物蝦，素食亦可。

而四君子的藥材為人參、白朮、茯苓、甘草為主要組成，具有滋胃健脾、補陽益氣的作用。

目前常見於中藥店的配方有：

・四物湯或其加減方：組成有當歸、川芎、炒白芍、熟地或加減黃耆、枸杞子紅棗、桂枝等。功效為補血、生血、調經、治各種貧血。

・四君子湯：其組成有人參、炒白朮、茯苓、炙甘草。功效為健脾養胃、和氣益中。

3. 八珍湯或八珍湯加減 - 是由四物湯加四君子湯所組成，或加黃耆、枸杞子、杜仲、二仙膠、紅棗、黑棗等。功效為補益氣血。另外八珍杜仲湯（補氣血藥膳）其效能為氣血二虛、補益、調和營衛。主治心悸、頭暈目眩、面色蒼白、食慾不振、腰膝無力、營養不良。常用於料理八珍小排湯、八珍粉腸、八珍肚片湯、八珍腰花湯，素食亦可，泡酒更佳。

八珍酒製法

成品份量　2台斤（1200g）

製作所需時間　3個月

材料　· 生地黃 27g

　　　· 全當歸 20g

　　　· 炒白芍 13g

　　　· 人蔘 7g

　　　· 白朮 20g

　　　· 刺五加 53g

　　　· 白茯苓 13g

　　　· 無核紅棗 27g

　　　· 炙甘草 10g

　　　· 核桃肉 27g

　　　· 川芎 7g

　　　· 40 度米酒 1000cc

工具　5 台斤（3000g）裝桃太郎浸泡罐

步驟

1 將處方原料粉碎成
粗末，置於浸提的
罐中。

2 加米酒，每次浸泡7
～ 10 天。每天攪拌
4 ～ 5 次，每次攪拌
15 分鐘。

3 濾出藥酒，調整酒
精度或調味劑，靜
置、澄清、過濾、
分裝。

〈 注意事項 〉

◆ 本藥方補氣血、
調脾胃、悅容顏。
主治氣血兩虧、
面黃肌瘦、勞累
倦怠、精神委靡、
脾虛食欲不振、
胃脹便溏等症。

◆ 服用方法：每日
3 次，每次飲用
15 ～ 20cc，溫飲
為佳。

十全大補酒

　　十全就是四物藥材加四君子藥材(八珍)兩味藥材由人參、白朮、茯苓、當歸、川芎、熟地、芍藥、桂皮、黃耆、甘草、生薑、大棗所組成。主要治療諸虛不足、五勞七傷、久病虛損、時發潮熱、氣攻骨脊、拘急疼痛、夜夢遺精、面色萎黃、腳膝無力、憂愁思慮。

　　而中藥店賣的十全大補湯，組成是由八珍湯加黃耆、肉桂、生薑、大棗。功效為男女諸虛不足，溫補氣血。屬於強身藥膳，其效能為補益氣血、助陽固衛。主治食少無味、色枯氣短、脾胃虛弱、元氣不足、神經衰弱、腰酸體倦、遺精、貧血、帶下。常見的料理有十全豬心、十全明蝦、十全烏骨雞、十全骨髓湯，素食亦可，泡酒更佳。

　　讀者若需浸泡藥酒，強烈建議直接到合格中藥行，請專門的藥師幫忙配藥，同時可請教他，一帖藥材要泡多少酒，如此最為安全。浸泡後一定要紀錄浸泡日期及其內容物。

❧ 十全大補酒製法

成品份量　2 台斤（1200g）

製作所需時間　3 個月

材料　· 熟地 67g

　　　· 當歸 67g

　　　· 白芍 44g

　　　· 黨蔘 44g

　　　· 白朮 44g

　　　· 川芎 22g

　　　· 茯苓 44g

　　　· 黃芪 44g

　　　· 甘草 22g

　　　· 肉桂 11g

　　　· 冰糖 94g

　　　· 40 度白酒 1000cc

工具　5 台斤（3000g）裝桃太郎浸泡罐

步驟

1 將處方原料粉碎變成粗末，置於浸提的罐中。

2 加白酒，每次浸泡7～10天。每天攪拌4～5次，每次攪15分鐘。

3 濾出藥酒，調整酒精度或調味劑，靜置、澄清、過濾、分裝。

〈 注意事項 〉

◆ 本藥方濕補氣血。主治氣血虧虛、面色蒼白、氣短心悸、頭暈自汗、體倦乏力、四肢不濕、月經量多等症。

◆ 處方說明：處方中黨蔘、白术、黃芪、甘草，能補氣養血、升陽、健脾和胃、益衛固表。當歸、白芍、熟地，能活血補血、滋陽益精隨。川芎，能活血行氣。肉桂，能濕精助陽、散寒止痛。

◆ 服用方法：每日2～3次，每次20～30cc或不拘時隨時飲用。

延齡酒

延齡，主要是追求長壽，故此帖用於人體的保健作用，及提高免疫力。

人體有非常複雜器官互相影響作用，以療效而言，把很多的滋陰作用的藥材和很多的補陽作用的藥材一起混合進去，對身體當然會有一定的助益，此處方用簡易熟悉隨手可得的藥食材，配合浸泡酒，達到保健效果。

🍶 延齡酒製法

成品份量　約 2 台斤（1200g）

製作所需時間　3 個月

材料　· 枸杞 34g

　　　· 當歸 13g

　　　· 龍眼肉 17g

　　　· 黑豆 36g

　　　· 炒白朮 4g

　　　· 40 度白酒 1000cc

工具　5 台斤（3000g）裝桃太郎浸泡罐

步驟

1 將原料粉碎變成粗末，並置於浸提的罐中。

2 加白酒，每次浸泡 7～9 天。每天攪拌 4～5 次，每次攪拌 15 分鐘。

3 也可以分 2 ～ 3 次
浸提，第一次浸提
7 ～ 9 天，第二次 5
～ 7 天，第三次浸
提 3 ～ 5 天，再合
併浸提。

4 濾出藥酒，調整酒
精度或調味劑，靜
置、澄清，過濾、
分裝。

〈 注意事項 〉

◆ 本藥方補肝腎、
養血、益心脾，
主治腰痠腿軟、
身腫面黃、心神
不安、食欲不振
等症。

◆ 處方說明：黑豆，
能補腎、祛風解
毒、活血利濕。
枸杞，能補肝腎、
益精血。龍眼肉，
能補益心脾、養
血、安神。當歸，
能活血補血。白
术，能補氣健脾、
利水燥濕。

◆ 服用方法：每日 3
次飲用，每次 10
～ 20cc，於空腹
時溫飲。

Appendix

附錄

台灣目前相關的釀酒法規
（最新的管理法規，請上國庫署網站參考）

菸酒管理法

中華民國八十九年四月十九日總統華總一義字第八九二〇〇九八一─三〇號令制定公布全文六十二條。

中華民國九十三年一月七日總統華總一義字第〇九二〇〇二四九二二一號令公布修正全文六十三條。

中華民國九十三年六月八日行政院院臺財字第〇九三〇〇二五九四九號令發布除 第四條第三項、第二十七條第二項、第二十八條第二項、第三十九條第三項至第六項及第五十六條第一項第六款外，其餘條文，定自九十三年七月一日施行。

中華民國九十四年八月四日行政院院臺財字第〇九四〇〇二八五一二號令發布第二十八條第二項及第三十九條第三項至第六項條文，定自九十五年一月一日施行。

中華民國九十六年五月十七日行政院院臺財字第〇九六〇〇二〇五五七號令發布第二十七條第二項及第五十六條第一項第六款條文，定自九十七年一月一日施行。

中華民國九十七年五月十二日行政院院臺財字第〇九七〇〇一七三二五號令發布第四條第三項，定自九十七年五月十六日施行。

中華民國九十八年六月十日總統華總一義字第〇九八〇〇一四五一七一號令公布修正第十二條、第十九條、第二十五條及第六十三條條文；並自九十八年十一月二十三日施行。

〈第一章　總則〉

第一條　為健全菸酒管理，特制定本法；本法未規定者，適用其他法律之規定。

第二條　本法所稱主管機關：在中央為財政部；在直轄市為直轄市政府；在縣（市）為縣（市）政府。

第三條　本法所稱菸，指全部或部分以菸草或其代用品作為原料，製成可供吸用、嚼用、含用、聞用或以其他方式使用之製品。

前項所稱菸草，指得自茄科菸草屬中，含菸鹼之菸葉、菸株、菸苗、菸種子、菸骨、菸砂等或其加工品，尚未達可供吸用、嚼用、含用、聞用或以其他方式使用者。

第四條　本法所稱酒，指含酒精成分以容量計算超過百分之〇‧五之飲料、其他可供製造或調製上項飲料之未變性酒精及其他製品。但經中央衛生主管機關依相關法律或法規命令認屬藥品之酒類製劑，不以酒類管理。本法所稱酒精成分，指攝氏檢溫器二十度時，原容量中含有乙醇之容量百分比而言。第一項所稱未變性酒精，指含酒精成分以容量計算超過百分之九十，且未添加變性劑之酒精。

第一項未變性酒精之進口，以供工業、製藥、軍事、加工使用或分裝銷售為限。有關未變性酒精之產製、進口、銷售及變性劑添加等事項之管理辦法，由中央主管機關定之。

第五條　本法所稱菸酒業者，為下列三種：

一、菸酒製造業者：指經營菸酒產製之業者。

二、菸酒進口業者：指經營菸酒進口之業者。

三、菸酒販賣業者：指經營菸酒批發或零售之業者。

本法所稱產製，包括製造、分裝等有關行為。

第六條　本法所稱私菸、私酒，指未經許可產製或輸入之菸酒。

第七條　本法所稱劣菸、劣酒，指菸酒有下列各款情形之一者：

一、超過菸害防制法所定尼古丁或焦油之最高含量，或有明顯霉變、潮損或其他變質情形之菸。

二、不符衛生標準及有關規定之酒。

第八條　本法所稱負責人，指依公司法、商業登記法或其他法律或其組織章程所定應負責之人。

〈**第二章　菸酒業者之管理**〉

第九條　菸及未變性酒精製造業者之組織，以股份有限公司為限。未變性酒精以外酒製造業者之組織，非屬股份有限公司者，除領有工廠登記證明文件之農會及農業合作社外，其年產量不得超過中央主管機關公告之一定數量。

第十條　已成立之公司、合夥或獨資事業及其他依法設立之農業組織申請菸酒製造業者之設立，應檢附下列文件，向中央主管機關申請 許可，經許可並領得許可執照者，始得產製及營業；其屬公司、合夥或獨資事業者，應於領得許可執照後辦妥公司或商業變更登記：

一、菸酒製造業者許可設立申請書。

二、公司、商業登記證明文件或經其他主管機關核准設立之證明文件。

三、工廠登記證明文件。

四、生產及營運計畫表。

五、其他經中央主管機關規定應行檢附之文件。

籌設中之公司、合夥或獨資事業申請菸酒製造業者之設立，應先檢附前項第一款、

第四款及第五款規定之文件，向中央主管機關申請籌設許可，並於取得公司或商業登記及工廠登記證明文件後，檢附該等文件向中央主管機關申請核發菸酒製造業許可執照。

第一項第三款及前項所定之工廠登記證明文件，於非公司組織者，得以下列文件代之：

一、環境保護主管機關審查符合環境保護法律及法規命令規定之證明文件。但非屬環境保護法律及法規命令列管者，應檢附非列管之證明文件代之。

二、衛生主管機關審查符合第二十八條第一項所定良好衛生標準之證明文件。

三、菸酒產製場所土地及建物登記簿謄本或其他足資證明合法權源之文件；該場所土地及建物非屬自有者，應檢附租賃合約書影本或使用同意書。開放菸酒製造之時程，由中央主管機關區分菸酒種類，分別定之。

第十一條 農民或原住民於都市計畫農業區、非都市土地農牧用地生產可供釀酒農產原料者，得於同一用地申請酒製造業者之設立；其製 酒場所應符合環境保護、衛生及土地使用管制規定，且以一處為限；其年產量並不得超過中央主管機關訂定之一定數量，亦不得從事酒類之受託產製及分裝銷售。依前項規定申請酒製造業者之設立，應向當地直轄市或縣（市）主管機關申請，經核轉中央主管機關許可並領得許可執照者，始得產製及營業；其申請設立許可應具備之文件、條件、產製及銷售等事項之管理辦法，由中央主管機關定之。

第十二條 申請菸酒製造業者之設立，有下列各款情形之一者，中央主管機關應不予許可：

一、申請人或負責人為未成年人、受監護或輔助宣告之人或破產人。

二、申請人或負責人違反第四十六條、第四十七條、第四十八條或第四十九條規定，在處分前。

三、申請人或負責人曾違反第四十六條、第四十七條、第四十八條或第四十九條規定經處分或有罪判決確定，或違反稅捐稽徵法經有罪判決確 定，尚未執行完畢或執行完畢、緩刑期滿或赦免後尚未逾二年。

四、經中央主管機關依本法規定撤銷或廢止其菸酒製造業者之設立許可未滿三年。

五、申請人或負責人曾任菸酒製造業者之負責人，該業者經中央主管機關依本 法規定撤銷或廢止其設立許可未滿三年。

六、生產及營運計畫表所載內容不足以實現其營運計畫。

七、申請設立許可應具備之文件不全或其記載內容不完備，經通知限期補正，屆期不補正或補正而仍不完備。

第十三條 菸酒製造業許可執照應載明下列事項:

一、業者名稱。

二、產品種類。

三、資本總額。

四、總機構及工廠所在地。

五、負責人姓名。

六、其他中央主管機關規定應載明之事項。

第十四條 菸酒製造業者增設工廠時,應以書面載明工廠所在地,向中央主管機關申請核准,並於取得工廠登記證後,始得產製及營業。

第十五條 菸酒製造業者對於產品種類、工廠所在地或負責人姓名,擬予變更者,應申請中央主管機關核准,並應於變更之日起十五日內,向中央主管機關申請換發許可執照。菸酒製造業者對於業者名稱、資本總額、總機構所在地或第十三條第六款所定中央主管機關規定應載明之事項有變更者,應於變更之日起十五日內,報請中央主管機關備查,並同時申請換發許可執照。

第十六條 菸酒製造業者解散或結束菸酒業務,應自解散或結束之日起十五日內,向中央主管機關繳銷許可執照;屆期未自動繳銷者,中央主管機關得公告註銷之。

第十七條 菸酒製造業者經撤銷或廢止其許可時,中央主管機關應通知其限期繳銷許可執照;屆期不繳銷者,公告註銷之。

第十八條 已成立之公司、合夥或獨資事業申請菸酒進口業者之設立,應檢附下列文件,向中央主管機關申請許可,經許可並領得許可執照者,始得營業,並應於領得許可執照後辦妥公司或商業變更登記:

一、菸酒進口業者許可設立申請書。

二、公司或商業登記證明文件。

三、其他經中央主管機關規定應行檢附之文件。

籌設中之公司、合夥或獨資事業申請菸酒進口業者之設立,應先檢附前項第一款及第三款規定之文件,向中央主管機關申請籌設許可,並於取得公司或商業登記證明文件後,檢附該等文件向中央主管機關申請核發菸酒進口業許可執照。

第十九條 菸申請菸酒進口業者之設立,有下列情形之一者,中央主管機關應不予許可:

一、申請人或負責人為未成年人、受監護或輔助宣告之人或破產人。

二、申請人或負責人違反第四十六條、第四十七條、第四十八條或第四十九條規定，在處分前。

三、申請人或負責人曾違反第四十六條、第四十七條、第四十八條或第四十九條規定。

四、經處分或有罪判決確定，或違反稅捐稽徵法經有罪判決確定，尚未執行完畢或執行完畢、緩刑期滿或赦免後尚未逾二年。

五、經中央主管機關依本法規定撤銷或廢止其菸酒進口業者之設立許可未滿三年。

六、申請人或負責人曾任菸酒進口業者之負責人，該業者經中央主管機關依本法規定撤銷或廢止其設立許可未滿三年。

七、申請設立許可應具備之文件不全或其記載內容不完備，經通知限期補正，屆期不補正或補正而仍不完備。

第二十條 菸酒進口業許可執照應載明下列事項：
一、業者名稱。
二、菸酒營業項目。
三、總機構所在地。
四、負責人姓名。
五、其他中央主管機關規定應載明之事項。

第二十一條 菸酒進口業者對於菸酒營業項目或負責人姓名，擬予變更者，應申請中央主管機關核准，並應於變更之日起十五日內，向中央主管機關申請換發許可執照。菸酒進口業者對於業者名稱、總機構所在地或前條第五款所定中央主管機關規定應載明之事項有變更者，應於變更之日起十五日內，報請中央主管機關備查，並同時申請換發許可執照。

第二十二條 菸酒進口業者解散或結束菸酒業務，應自解散或結束之日起十五日內，向中央主管機關繳銷許可執照；屆期未自動繳銷者，中央主管機關得公告註銷之。

第二十三條 菸酒進口業者經撤銷或廢止其許可時，中央主管機關應通知其限期繳銷執照；屆期不繳銷者，公告註銷之。

第二十四條 菸酒進口業者之設立、申報事項之變更、解散或其他許可處理事項，中央主管機關得委辦直轄市或縣（市）主管機關辦理。

第二十五條 有下列情形之一者，不得為菸酒販賣業者：
一、負責人為未成年人、受監護或輔助宣告之人或破產人。

二、負責人曾違反第四十六條、第四十七條、第四十八條或第四十九條規定經處分或有罪判決確定，或違反稅捐稽徵法經有罪判決確定，尚未執行完畢或執行完畢、緩刑期滿或赦免後尚未逾二年。

〈第三章　菸酒之衛生管理〉

第二十六條　菸之尼古丁及焦油最高含量，不得超過菸害防制法之規定。

第二十七條　酒之衛生，應符合中央主管機關會同中央衛生主管機關所定衛生標準及有關規定。酒盛裝容器之衛生，應符合中央主管機關會同中央衛生主管機關所定之衛生標準。

第二十八條　菸酒製造業者製造、加工、調配、包裝、運送、貯存或添加物之作業場所、設施及品保制度，應符合中央主管機關會同中央衛生主管機關所定良好衛生標準。菸酒產製工廠之建築及設備，應符合中央主管機關會同中央衛生及工業主管機關所定之設廠標準。

〈第四章　產製、輸入及販賣〉

第二十九條　非菸酒製造業者，不得受託製造菸酒。菸酒製造業者受託製造菸酒，應符合中央主管機關公告之資格。符合前項規定之菸酒製造業者於受託製造菸酒時，應報請中央主管機關備查後，始得產製。

第三十條　菸酒製造業者辦理菸酒分裝銷售，以不改變原品牌為限，且應取得原廠授權之證明文件。輸入供分裝之菸酒者，於報關時應檢附生產國政府或政府授權之商會所出具之原產地證明。菸酒製造業者得辦理菸酒分裝銷售之時程，由中央主管機關區分菸酒種類，分別定之。

第三十一條　酒之販賣，不得以自動販賣機、郵購、電子購物或其他無法辨識購買者年齡等方式為之。菸酒逾有效日期或期限者，不得販賣。菸之販賣，依菸害防制法相關規定辦理。

〈第五章　菸酒標示及廣告促銷管理〉

第三十二條　菸經包裝出售者，製造業者或進口業者應於直接接觸菸之容器上標示下列事項：

一、品牌名稱。

二、製造業者名稱及地址；其屬進口者，並應加註進口業者名稱及地址；依第二十九條第三項規定受託製造者，並應加註委託者名稱及地址；依第三十條第一項規定辦理分裝銷售者，並應加註分裝之製造業者名稱及地址。

三、重量或數量。

四、主要原料。

五、尼古丁及焦油含量。

六、有害健康之警語。

七、有效日期或產製日期，標示產製日期者，應加註有效期限。

八、其他經中央主管機關公告之標示事項。

菸品容器及其外包裝之標示，不得有不實或使人誤信之情事。

第一項第五款及第六款所定尼古丁、焦油含量及有害健康之警語，其標示及處罰，依菸害防制法相關規定辦理。

第一項第八款所定中央主管機關公告之標示事項，於公告十八個月後生效。

第三十三條 酒經包裝出售者，製造業者或進口業者應於直接接觸酒之容器上標示下列事項：

一、品牌名稱。

二、產品種類。

三、酒精成分。

四、進口酒之原產地。

五、製造業者名稱及地址；其屬進口者，並應加註進口業者名稱及地址；依第二十九條第三項規定受託製造者，並應加註委託者名稱及地址；依第三十條第一項規定辦理分裝銷售者，並應加註分裝之製造業者名稱及地址。

六、容量。

七、酒精成分在百分之七以下之酒，應加註有效日期或裝瓶日期。標示裝瓶日期者，應加註有效期限。

八、「飲酒過量，有害健康」或其他警語。

九、其他經中央主管機關公告之標示事項。

前項之酒，製造業者或進口業者得標示年份、酒齡或地理標示。

酒之容器外表面積過小，致無法依第一項規定標示時，得附標籤標示之。酒之容器與其外包裝之標示及說明書，不得有不實或使人誤信之情事，亦不得利用翻譯用語或同類、同型、同風格或相仿等其他類似標示或補充說明係產自其他地理來源。其已正確標

示實際原產地者，亦同；其管理辦法，由中央主管機關定之。

第一項第九款所定中央主管機關公告之標示事項，於公告十八個月後生效。

第三十四條　菸酒標示所用文字，以中文為主，得輔以外文。但供外銷者，不在此限。外銷菸酒改為內銷或進口菸酒出售時，應加中文標示。

菸酒之下列標示，得不以中文為之：

一、進口菸酒之品牌名稱與其國外製造商名稱及地址。

二、第三十二條第一項第二款或前條第一項第五款規定應標示委託製造之國外業者名稱及地址。

第三十五條　非屬本法所稱菸、酒之製品，不得為菸、酒或使人誤信為菸、酒之標示或宣傳。

第三十六條　菸之廣告或促銷，依菸害防制法之規定。

第三十七條　酒之廣告或促銷，應明顯標示「飲酒過量，有害健康」或其他警語，並不得有下列情形：

一、違背公共秩序或善良風俗。

二、鼓勵或提倡飲酒。

三、妨害青少年、孕婦身心健康。

四、虛偽、誇張、捏造事實或易生誤解之內容。

五、其他經中央主管機關公告禁止之情事。

〈第六章　稽查及取締〉

第三十八條　主管機關對於菸酒業者依本法規定相關事項，應派員抽檢。必要時得要求業者提供帳簿、文據及其他必要之資料，並得取樣檢驗，受檢者不得拒絕、規避或妨礙。但取樣數量以足供檢驗之用者為限。菸酒業者依前項規定提供帳簿、文據及其他必要之資料時，主管機關應掣給收據，除涉嫌違反本法規定者外，應自帳簿、文據及其他必要之資料提送完全之日起七日內發還之；其有特殊情形，得延長發還時間七日。

第三十九條　衛生主管機關得抽查菸酒製造業者之作業衛生及紀錄；必要時，並得取樣檢驗及查扣紀錄，業者不得拒絕、規避或妨礙。但取樣數量以足供檢驗之用者為限。

前項衛生檢查，必要時，衛生主管機關得會同主管機關為之。

進口酒類應經中央主管機關查驗符合衛生標準後，始得輸入。

前項查驗，得採逐批查驗、抽批查驗或書面核放方式辦理。未變性酒精以外之進口酒類，屬下列情形之一者，得採書面核放方式辦理：

一、輸入時曾經查驗合格者。

二、採抽批查驗方式，未經抽中批。

三、具有與我國相互承認之國外機關（構）所簽發該批產品之試驗報告、檢驗證明或相關驗證證明。

第三項所定進口酒類查驗，中央主管機關得委託其他機關（構）為之；其委託及查驗辦法，由中央主管機關會同中央衛生主管機關定之。

第四十條 前二條檢查人員執行任務時，應出示身分證明文件。

第四十一條 主管機關對於涉嫌之私菸、私酒、劣菸或劣酒，得予以封存或扣押，並抽樣查核檢驗。其有繼續發酵或危害環境衛生之虞者，得為必要之處置。

前項檢驗，主管機關得委託衛生主管機關或其他有關機關（構）為之。

第四十二條 主管機關或衛生主管機關發現經許可之菸酒製造業者或進口業者所產製或輸入之菸酒，有重大危害人體健康時，應由主管機關認定公告禁止產製、輸入、販賣或為其他必要之處置。

前項菸酒，主管機關應公告停止吸食或飲用，並命菸酒製造業者或菸酒進口業者限期予以收回及銷毀；菸酒批發業者及菸酒零售業者並應配合收回及銷毀。必要時，主管機關得代為收回及銷毀，並收取必要之費用。受損害之消費者得請求賠償。

第四十三條 主管機關及衛生主管機關依本法規定實施檢查或取締時，得洽請警察或其他治安機關派員協助。

第四十四條 檢舉或查獲違反本法規定之菸酒或菸酒業者，除對檢舉人姓名嚴守秘密外，並得酌予獎勵。

第四十五條 依本法或其他法律規定沒收或沒入之菸、酒與供產製菸、酒所用之原料、器具及酒類容器，得予以銷毀或為其他處置。

〈第七章　罰則〉

第四十六條 產製私菸、私酒者，處新臺幣十萬元以上一百萬元以下罰鍰。但查獲物查獲時現值超過新臺幣一百萬元者，處查獲物查獲時現值一倍以上五倍以下罰鍰。產製私菸、私酒未逾一定數量且供自用者，不罰。

前項所稱之一定數量，由中央主管機關公告之。

輸入私菸、私酒者，處二年以下有期徒刑、拘役或科或併科新臺幣二十萬元以上二百萬元以下罰金。

第四十七條　販賣、運輸、轉讓或意圖販賣而陳列私菸、私酒者，處新臺幣五萬元以上五十萬元以下罰鍰。但查獲物查獲時現值超過新臺幣五十萬元者，處查獲物查獲時現值一倍以上五倍以下罰鍰。

第四十八條　產製或輸入劣菸、劣酒者，處新臺幣三十萬元以上三百萬元以下罰鍰。但查獲物查獲時現值超過新臺幣三百萬元者，處查獲物查獲時現值一倍以上五倍以下罰鍰。

前項產製或輸入之劣菸、劣酒含有對人體健康有重大危害之物質者，處三年以下有期徒刑、拘役或科或併科新臺幣三十萬元以上三百萬元以下罰金。

第四十九條　販賣、運輸、轉讓或意圖販賣而陳列劣菸、劣酒者，處新臺幣二十萬元以上二百萬元以下罰鍰。但查獲物查獲時現值超過新臺幣二百萬元者，處查獲物查獲時現值一倍以上五倍以下罰鍰。

前項販賣、運輸、轉讓或意圖販賣而陳列之劣菸、劣酒含有對人體健康有重大危害之物質者，處二年以下有期徒刑、拘役或科或併科新臺幣二十萬元以上二百萬元以下罰金。

第五十條　法人之代表人、法人或自然人之代理人、受雇人或其他從業人員，因執行業務，犯第四十六條第四項及前二條之罪者，除依各該條規定處罰其行為人外，對該法人或自然人亦處以各該條之罰金。

第五十一條　經許可設立之菸酒製造業者，其負責人有下列各款情形之一者，中央主管機關得命其限期更換負責人、撤銷或廢止其設立許可：

一、有第十二條第一款至第五款情形之一。

二、違反第四十六條、第四十七條、第四十八條或第四十九條之規定經處分或有罪判決確定者。

第五十二條　經許可設立之菸酒進口業者，其負責人有下列各款情形之一者，中央主管機關得命其限期更換負責人、撤銷或廢止其許可：

一、有第十九條第一款至第五款情形之一。

二、違反第四十六條、第四十七條、第四十八條或第四十九條之規定經處分或有罪判決確定者。

第五十三條　酒販賣業者之負責人有下列各款情形之一者，主管機關得命其限期更

換負責人：

　　一、有第二十五條各款情形之一。

　　二、違反第四十六條、第四十七條、第四十八條或第四十九條之規定經處分或有罪判決確定者。

　　違反前項第一款之規定者，主管機關除命其限期更換負責人外，並處新臺幣五萬元以上十萬元以下罰鍰。

　　第五十四條　菸酒製造業者或進口業者違反第三十二條、第三十三條或第三十四條之標示規定而為製造或進口行為者，按查獲次數每次處新臺幣十萬元以上五十萬元以下罰鍰，並通知其限期回收補正；屆期不遵行者，由主管機關停止其製造或進口六個月至一年，並沒入違規之菸酒。販賣、轉讓或意圖販賣而陳列不符本法標示規定之菸酒，處販賣或轉讓者查獲物查獲時現值一倍以上五倍以下罰鍰，並沒入違規之菸酒。

　　第五十五條　違反第三十七條規定而為酒之廣告或促銷者，處新臺幣十萬元以上五十萬元以下罰鍰，並通知限期改正；屆期未改正者，得按次連續處罰。電視、廣播、報紙、雜誌、圖書等事業違反第三十七條規定播放或刊載酒廣告者，由新聞主管機關處新臺幣十萬元以上五十萬元以下罰鍰，並通知限期改正；屆期未改正者，得按次連續處罰。

　　第五十六條　有下列各款情形之一者，處新臺幣五萬元以上二十五萬元以下罰鍰：

一、違反第四條第四項所定用途及管理辦法。

二、違反第九條第二項規定年產量超過一定數量。

三、違反第十一條第一項規定年產量超過一定數量、受託產製或分裝銷售酒類。

四、菸酒製造業者違反第十五條第一項規定。

五、菸酒進口業者違反第二十一條第一項規定。

六、違反第二十七條第二項所定容器衛生標準。

七、菸酒製造業者違反第二十八條第一項良好衛生標準。

八、違反第二十九條第三項規定受託製造菸酒。

九、菸酒業者違反第三十一條第二項規定販賣逾有效日期或期限之菸酒。

十、違反第三十五條規定為標示或宣傳。

　　十一、菸酒業者對主管機關依第三十八條規定或衛生主管機關依第三十九條規定執行之事項，為拒絕、規避或妨礙之行為。

　　十二、違反第四十二條第二項規定，未於主管機關規定期限內收回及銷毀重大危害人體健康之菸酒。

　　菸酒製造業者、進口業者有前項第四款、第五款、第八款、第九款或第十二款之

情形，並由主管機關通知其限期補正或收回及銷毀；屆期未補正或收回及銷毀者，得按次連續處罰。酒製造業者，違反第九條第二項、第十一條第一項所定年產量限制、第二十八條第一項所定良好衛生標準或第二十九條第三項規定者，除依第一項第二款、第三款、第七款或第八款規定處罰鍰外，並廢止其許可。違反依第四條第四項所定用途及管理辦法者，除依第一項第一款規定處罰鍰外，中央主管機關並得禁止其產製、進口或販賣六個月至一年。

第五十七條 有下列各款情形之一者，處新臺幣一萬元以上五萬元以下罰鍰：

一、菸酒製造業者、進口業者違反第十五條第二項或第二十一條第二項規定。

二、酒之販賣違反第三十一條第一項規定。

違反前項第二款規定者，並得按日連續處罰至違反之行為停止為止。

第五十八條 依本法查獲之私菸、私酒、劣菸、劣酒與供產製私菸、私酒之原料、器具及酒類容器，沒收或沒入之。

第五十九條 依本法所處之罰鍰，經限期繳納，屆期未繳納者，依法移送強制執行。

〈第八章　附則〉

第六十條 主管機關為加強菸酒品質之提升，得就菸酒品質認證及查驗等業務委託其他機關（構）辦理。

第六十一條 主管機關依本法規定受理申請許可及核發、換發或補發執照，應收取審查費及證照費；並得對菸酒製造業者，按年收取許可費；其各項收費基準，由中央主管機關定之。

第六十二條 本法施行細則，由中央主管機關定之。

第六十三條 本法施行日期，由行政院定之。本法修正條文，自中華民國九十八年十一月二十三日施行。

～ 菸酒管理法施行細則 ～

中華民國八十九年十二月二十九日行政院台八十九財字第三六〇九七號函核定全文二十五條。

中華民國八十九年十二月三十日財政部台財庫字第〇八九〇三五一四三六號令訂定發布全文二十五條。

中華民國九十三年五月二十七日行政院院臺財字第〇九三〇〇一五七二三號函核定修正全文三十一條。

中華民國九十三年六月二十九日財政部台財庫字第〇九三〇三五〇九八八〇號令修正發布。

中華民國九十四年十一月九日財政部台財庫字第〇九四〇〇五三七五四〇號令修正發布第五條、第三十一條。

中華民國九十七年五月十六日財政部台財庫字第〇九七〇三五〇七七〇號令修正發布第三條、第三十一條。

中華民國九十九年九月十六日財政部台財庫字第〇九九〇三五一七三六〇號令修正發布第三條、第三十一條。

第一條 本細則依菸酒管理法（以下簡稱本法）第六十二條規定訂定之。

第二條 本法第三條第一項所稱菸，分類如下：

一、紙（捲）菸：指將菸草切絲調理後，以捲菸紙捲製，加接或不加接濾嘴之菸品。

二、菸絲：指將菸草切絲，經調製後可供吸用之菸品。

三、雪茄：指將雪茄種菸草調理後，以填充葉為蕊，中包葉包裹，再以外包葉捲包成長條狀之菸品，或以雪茄種菸葉為主要原料製成，菸氣中具有明顯雪茄香氣之非葉捲雪茄菸。

四、鼻菸：指將菸草添加香味料調理並乾燥後磨成粉末為基質製成，供聞嗅或塗敷於牙齦、舌尖吸用之菸品。

五、嚼菸：指將菸草浸入於添加香味料之汁液調理後，製成不規則之小塊或片狀，供咀嚼之菸品。

六、其他菸品：指前五款以外之菸品。

本法第三條第一項所稱代用品，指含有尼古丁，用以取代菸草做為製菸原料之其他天然植物及加工製品。

第三條 本法第四條第一項所稱酒，分類如下：

一、啤酒類：指以麥芽、啤酒花為主要原料，添加或不添加其他穀類或澱粉為副原料，經糖化、發酵製成之含碳酸氣酒精飲料，可添加或不添加植物性輔料。

二、水果釀造酒類：指以水果為原料，發酵製成之下列含酒精飲料：

（一）葡萄酒：以葡萄為原料製成之釀造酒。

（二）其他水果酒：以葡萄以外之其他水果為原料或含二種以上水果為原料製成之釀造酒。

三、穀類釀造酒類：指以穀類為原料，經糖化、發酵製成之釀造酒。

四、其他釀造酒類：指前三款以外之釀造酒。

五、蒸餾酒類：指以水果、糧穀類及其他含澱粉或糖分之農產品為原料，經糖化或不經糖化，發酵後，再經蒸餾而得之下列含酒精飲料：

（一）白蘭地：以水果為原料，經發酵、蒸餾、貯存於木桶六個月以上，
其酒精成分不低於百分之三十六之蒸餾酒。

（二）威士忌：以穀類為原料，經糖化、發酵、蒸餾，貯存於木桶二年以
上，其酒精成分不低於百分之四十之蒸餾酒。

（三）白酒：以糧穀類為主要原料，採用各種麴類或酵素及酵母等糖化發
酵劑，經糖化、發酵、蒸餾、熟成、勾兌、調和而製成之蒸餾酒。

（四）米酒：以米類為原料，採用酒麴或酵素，經液化、糖化、發酵及蒸
餾而製成之蒸餾酒。

（五）其他蒸餾酒：前四目以外之蒸餾酒。

六、再製酒類：指以酒精、釀造酒或蒸餾酒為基酒，加入動植物性輔料、藥材、礦
物或其他食品添加物，調製而成之酒精飲料，其抽出物含量不低於百分之二者。

七、料理酒類：指下列專供烹調用之酒：

（一）一般料理酒：以穀類或其他含澱粉之植物性原料，經糖化後加入酒精製得產
品為基酒，或直接以酒精、釀造酒、蒸餾酒為基酒，加入百分之零點五以上之鹽，添加
或不添加其他調味料，調製而成供烹調用之酒；所稱加入百分之零點五以上之鹽，指每
一百毫升料理酒含零點五公克以上之鹽。

（二）料理米酒：以米類為原料，經糖化、發酵、蒸餾、調和或不調和食用酒精而
製成之酒，其成品酒之酒精成分以容量計算不得超過百分之二十，且包裝標示專供烹調
用酒之字樣者。

八、酒精類：指下列含酒精成分超過百分之九十之未變性酒精：

（一）食用酒精：以糧穀、薯類、甜菜或糖蜜為原料，經發酵、蒸餾製成含酒精成
分超過百分之九十之未變性酒精。

（二）非食用酒精：前目食用酒精以外含酒精成分超過百分之九十之未變性酒精。

九、其他酒類：指前八款以外之含酒精飲料。

第四條 本法第五條第二項所稱分裝，指將散裝或其他較大重量、數量、容量包裝

之菸酒，重新拆封予以改裝或灌裝為較小規格包裝，而無其他製造或加工之行為。

前項加工之行為，不包括有原廠授權，且不改變原品牌之加工行為。

第五條　本法第六條所稱未經許可產製或輸入之菸酒，指有下列各款情形之一之菸酒：

一、未依本法規定取得菸酒進口業許可執照而輸入之菸酒。

二、未依本法規定取得菸酒製造業許可執照而產製之菸酒。

三、經中央主管機關撤銷、廢止許可或註銷許可執照而產製或輸入之菸酒。本法所稱產製，包括製造、分裝等有關行為。

四、經主管機關禁止或停止產製或輸入之菸酒。

五、菸酒製造業者於許可執照所載工廠所在地以外場所產製之菸酒。

六、依本法第三十九條第三項規定應經查驗符合衛生標準始得輸入之酒，未經查驗合格而輸入者。

前項第二款之菸酒，不包括備有研究或試製紀錄，且無商品化包裝之非供販賣菸酒樣品。

第六條　本法第九條第二項所定年產量，包括受託或委託產製酒類之數量。

第七條　本法第十條第一項所稱農業組織，指依法設立之農會、農業產銷班、農業合作社、合作農場或其他農業組織。

第八條　本法第十五條及第二十一條所稱業者名稱、資本總額、總機構所在地、負責人姓名及營業項目變更之日，指完成公司或商業變更登記之日；其屬農業組織者，指事實發生之日。

本法第十五條第一項所稱產品種類變更之日，指事實發生之日；所稱工廠所在地變更之日，指完成工廠變更登記之日，無工廠登記證明文件者，指事實發生之日。

第九條　中央主管機關核發或換發菸酒製造業許可執照前，必要時得請申請業者之總機構所在地及工廠所在地之直轄市或縣（市）主管機關派員勘查其有無違法產製菸酒情事，並依其申報之生產及營運計畫表，檢查所列機械設備等是否屬實。

第十條　本法第二十九條第三項所稱菸酒製造業者受託製造菸酒，指該等菸酒係供委託者銷售之用。菸酒製造業者依本法第二十九條第三項規定報請中央主管機關備查時，應填具申請書，由雙方負責人共同簽署，並檢附下列文件：

一、受託者之菸酒製造業許可執照影本。

二、委託者之公司或商業登記證明文件。

三、委託者未有本法第二十五條所定情形之聲明書。

四、受託製造之契約。

五、受託者工廠登記證明文件影本。

六、受託者最近一年菸酒稅繳款證明文件。

七、其他經中央主管機關指定之文件。

前項申請書，應載明下列事項：

一、委託及受託者之名稱與總機構所在地及受託者之工廠所在地。

二、受託製造菸酒之產品種類、規格、數量及品牌名稱。

三、受託製造之期間。

四、其他經中央主管機關指定應行載明之事項。

第十一條　本法第三十二條第一項第二款及第三十三條第一項第五款所定地址，應包括足供消費者辨識及聯絡之內容。

本法第三十二條第一項第四款所定主要原料，應按原料比重，由大至小，依序標示。

第十二條　本法第三十五條所稱使人誤信為菸、酒之標示，指以產品內、外包裝上面之文字、圖案，足致消費者誤信該產品為菸、酒者。

第十三條　本法第三十七條所稱廣告，指利用電視、廣播、影片、幻燈片、報紙、雜誌、傳單、海報、招牌、牌坊、電腦、電話傳真、電子視訊、電子語音或其他方法，可使不特定多數人知悉其宣傳內容之傳播。於銷售酒品之營業處所室內展示酒品、招貼海報或以文字、圖畫標示或說明其銷售之酒品者，如無擴及其他場所或樓層，且以進入室內者為對象，非屬本法第三十七條所稱之廣告或促銷。

第十四條　依本法第三十七條規定為酒之廣告或促銷而標示健康警語時，應以版面百分之十連續獨立之面積刊登，且字體面積不得小於警語背景面積二分之一，為電視或其他影像廣告或促銷者，並應全程疊印。僅為有聲廣告或促銷者，應以聲音清晰揭示健康警語。

前項標示健康警語所用顏色，應與廣告或促銷版面之底色互為對比。

第十五條　本法第三十七條第四款所定酒之廣告或促銷不得有虛偽、誇張、捏造事實或易生誤解之內容，包括不得有不實或使人誤信之情事，亦不得利用翻譯用語或同類、同型、同風格或相仿等其他類似標示或補充說明係產自其他地理來源；其已正確標示實際原產地者，亦同。

第十六條　中央、直轄市、縣（市）主管機關為執行本法第六章所定之稽查及取締

業務，應設查緝小組。

第十七條　本法第三十八條第一項所定抽檢，中央主管機關得不定期為之；直轄市、縣（市）主管機關每年應至少辦理一次。

檢查人員為前項抽檢時，應注意查明菸酒業者原申報事項有無變更、許可範圍與實際經營項目是否相符、菸酒標示是否符合本法規定及有無違反本法其他規定之情事。

直轄市、縣（市）主管機關為第一項抽檢時，得斟酌實際狀況，分區分項為之，並將抽檢結果報中央主管機關備查。

本法第三十八條第一項所定其他必要之資料，包括由中央主管機關公告認可之實驗室出具菸之尼古丁及焦油含量或酒之衛生檢驗報告。

第十八條　主管機關依本法第三十八條第一項規定取樣檢驗菸酒產品時，無償抽取之，並開立取樣收據予受檢業者。

第十九條　衛生主管機關依本法第三十九條第一項規定取樣檢驗菸酒產品時，無償抽取之，並會同菸酒業者簽封後，由檢查人員開立取樣收據予受檢業者及編列密碼攜回檢驗；完成檢驗後，應將檢驗結果通知受檢業者及主管機關。

第二十條　本法第四十條所定檢查人員應出示之身分證明文件，其範圍如下：
一、列明檢查起訖期間及檢查人員姓名、職稱之機關公函。
二、檢查人員之職員證、識別證或其他足以證明其在職之證件。

第二十一條　主管機關依本法第四十一條第一項規定抽樣查核檢驗時，準用第十九條規定，並應於三日內將應送驗之樣品，依本法同條第二項規定委託衛生主管機關或其他有關機關（構）進行檢驗。

第二十二條　主管機關查獲涉嫌之私菸、私酒、劣菸、劣酒，除因搬運不便、保管困難或需經抽樣檢驗者，予以封存，並交由原持有人或適當之人具結保管外，予以扣押。

主管機關為前項扣押或封存時，應就查獲之時間、地點、數量、涉嫌違章事實、菸酒來源、產製或進口業者名稱、製造、輸入或購買日期、現場陳列或倉庫存放等情形，作成紀錄，並由涉嫌人或在場關係人簽章；其拒不簽章者，應予註明。

第二十三條　本法第四十二條第一項所稱菸酒有重大危害人體健康，指菸酒受污染，或含有應有成分以外對人體健康有害之其他物質，致使用者發生疾病或有致病之虞者。

衛生主管機關發現重大危害人體健康之菸酒時，應立即通知中央及直轄市或縣（市）主管機關為必要之處置。

　　直轄市或縣（市）主管機關於接獲前項通知或自行查獲重大危害人體健康菸酒時，應對其菸酒成品與半成品進行盤點及記錄後，予以封存或扣押，並移送司法機關處理；於中央主管機關公告禁止產製、輸入或販賣之命令後，並應抽查轄區內菸酒零售業者是否確已停止販賣。

　　直轄市或縣（市）主管機關對於前二項菸酒依本法第四十二條第二項規定公告停止吸食或飲用，並命菸酒製造業者或菸酒進口業者限期予以收回及銷毀時，應副知中央主管機關；於該期限屆滿後，經查獲業者有未收回及銷毀情形者，應依本法第五十六條第一項第十二款及第二項規定處罰。

　　第二十四條　本法第四十五條所稱其他處置，指下列方式之一：

一、標售。

二、標售後再出口。

三、捐贈。

四、供學術機構研究或試驗。

　　沒收或沒入之菸酒，除有易於霉變或變質情形者外，應俟沒收裁判或沒入處分確定後，始可依前項規定方式處置。因侵害商標權而沒收之菸酒，應予以銷毀。

　　依第一項第一款方式處置之菸酒，應取得中央主管機關公告認可之實驗室核發尼古丁及焦油含量未逾菸害防制法規定或符合酒之衛生標準之文件。

　　依第一項第一款方式處置之菸酒，其得標人於轉讓或販售時，該菸酒之標示需符合相關法令之標示規定。

　　沒收物或沒入物之處置情形，直轄市、縣（市）主管機關應每三個月函送中央主管機關備查。

　　第二十五條　沒收物或沒入物之處置，主管機關得委託有關機關（構）代為執行；其處置費用及收入，由主管機關循預算程序辦理。

　　第二十六條　本法所定罰鍰之處罰，除本法另有規定與第五十六條第一項第二款至第五款、第八款及第五十七條第一項第一款規定由中央主管機關為之外，由直轄市、縣（市）主管機關為之。

　　第二十七條　直轄市、縣（市）主管機關依本法第五十四條第一項規定對菸酒製造業者或進口業者處以罰鍰，並通知其限期回收補正，屆期不遵行者，應核轉中央主管機關停止其製造或進口六個月至一年，並為沒入違規菸酒之處分。

　　前項沒入處分之執行，由直轄市、縣（市）主管機關為之。

直轄市、縣（市）主管機關依本法第五十六條第一項第七款規定對菸酒製造業者處以罰鍰後，應核轉中央主管機關依本法同條第三項規定廢止其許可。

第二十八條　中央主管機關撤銷、廢止菸酒製造業者之許可或禁止、停止其於一定期間內產製菸酒時，應通知當地直轄市或縣（市）主管機關會同主管稽徵機關派員對其菸酒成品與半成品進行盤點及記錄後，予以列管。

菸酒製造業者經中央主管機關廢止許可、禁止或停止其於一定期間內產製菸酒者，其於廢止許可、禁止或停止產製日前已完成之菸酒成品得繼續完稅銷售，其餘菸酒半成品不得繼續產製。經撤銷許可者，為維護公益或為避免受益人財產上之損失，準用之。

第二十九條　中央主管機關依本法第二十四條規定，委辦直轄市、縣（市）主管機關辦理各項事務之規費收入，由各該直轄市、縣（市）主管機關代收後解繳國庫；其所需委辦費用，由中央主管機關循預算程序辦理。

第三十條　本法及本細則所定之書表格式，由中央主管機關定之。

第三十一條　本細則自發布日施行。但中華民國九十四年十一月九日修正發布之第五條第一項第六款規定，自九十五年一月一日施行；九十七年五月十六日修正發布之第三條第八款規定，自九十七年五月十六日施行；九十九年九月十六日修正發布之第三條第五款及第七款規定，自九十九年九月十六日施行。

農民或原住民製酒管理辦法

中華民國九十三年六月二十九日財政部台財庫字第〇九三〇三五〇九八〇〇號令訂定發布全文十三條。

第一條　本辦法依菸酒管理法（以下簡稱本法）第十一條第二項規定訂定之。

第二條　本辦法所稱農民，指依農業發展條例第三條規定之農民；原住民，指依原住民身分法第二條規定之原住民。

第三條　農民或原住民依本辦法設立之酒製造業者，其製酒場所以一處為限，且不得從事酒類之受託產製及分裝銷售。

前項酒製造業者，申請製造酒類應使用其生產之農產原料，並以該農產原料所能產製之酒類為限，其年產量不得超過中央主管機關訂定之一定數量。

第四條 農民或原住民申請酒製造業者之設立，應檢附下列文件，向當地直轄市或縣（市）主管機關申請，經核轉中央主管機關許可並領得許可執照者，始得產製及營業；其於領得許可執照後並應辦妥商業登記：

一、農民或原住民從事酒製造業許可設立申請書。

二、直轄市或縣（市）政府或其授權之單位核發之農業用地容許作農業設施使用（供釀酒用途）同意書。申請人為原住民者應另檢附原住民戶籍謄本或戶口名簿影本。

三、建築物或農業設施使用執照影本或實施建築管理前合法證明文件。

四、建物登記簿謄本或其他足資證明合法權源之文件；該建物非屬自有者，並應檢附租賃合約書影本或使用同意書。

五、製酒場所所在地環境保護主管機關審查符合環境保護法律及法規命令規定之證明文件。但非屬環境保護法律及法規命令列管者，應檢附非列管之證明文件。

六、衛生主管機關審查符合本法第二十八條第一項所定良好衛生標準之證明文件。

七、申請人或負責人未有本法第十二條第一款至第五款所稱情形之聲明書。

八、其他經中央主管機關規定應行檢附之文件。

第五條 直轄市或縣（市）主管機關於受理農民或原住民申請酒製造業者設立或換發許可執照時，經審查符合相關規定後，核轉中央主管機關核發或換發許可執照。

第六條 依本辦法設立之酒製造業者，對於產品種類、製酒場所或負責人姓名，擬予變更者，應向當地直轄市或縣（市）主管機關申請，經核轉中央主管機關核准並換發許可執照。依本辦法設立之酒製造業者，對於業者名稱、資本總額、總機構所在地或本法第十三條第六款所定其他中央主管機關規定應載明之事項有變更者，應於變更後報當地直轄市或縣（市）主管機關核轉中央主管機關備查並換發許可執照。

第七條 直轄市或縣（市）主管機關於審核農民或原住民申請核發或換發製酒許可執照時，得加會農業、建管、地政、都計、環保、衛生、原住民業務等相關機關（單位），其有實地查證必要者，並得會同相關機關（單位）實地勘查。

第八條 依本辦法設立之酒製造業者解散或結束製酒業務時，應自解散或結束之日起十五日內，向當地直轄市或縣（市）主管機關繳銷許可執照，並轉中央主管機關備查；屆期未自動繳銷者，由當地直轄市或縣（市）主管機關報請中央主管機關公告註銷。

第九條 依本辦法設立之酒製造業者，經中央主管機關依本法第五十一條或第五十六條第三項規定撤銷或廢止其許可時，中央主管機關應函請當地直轄市或縣（市）主管機關通知其限期繳銷許可執照；屆期不繳銷者，由當地直轄市或縣（市）主管機關

報請中央主管機關公告註銷。

第十條　本辦法所定之書表格式，由中央主管機關定之。

第十一條　依本辦法設立之酒製造業者，違反第三條第一項受託產製或分裝銷售規定者，依本法第五十六條第一項第三款規定處罰；違反第三條第二項年產量限制規定者，依本法第五十六條第一項第三款及第三項規定處罰，並廢止其許可；違反第六條第一項規定者，依本法第五十六條第一項第四款及第二項規定處罰；違反第六條第二項規定者，依本法第五十七條第一項第一款規定處罰。

第十二條　依本辦法申請設立之酒製造業者，應依菸酒業審查費證照費及許可費收費標準繳納相關費用。

第十三條　本辦法自發布日施行。

～～ 酒類衛生標準 ～～

中華民國九十三年六月二十九日財政部台財庫字第 09303509760 號令、行政院衛生署衛署食字第 0930408199 號令會銜訂定發布全文 5 條；並自發布日施行。

中華民國九十五年五月十七日財政部台財庫字第 09503507341 號令、行政院衛生署衛署食字第 0950403402 號令會銜修正發布全文 5 條；並自發布日施行。但九十五年五月十七日修正發布之第二條第一款關於葡萄酒之含量規定，自修正發布後六個月施行。

中華民國九十六年十一月二十八日財政部台財庫字第 09603518710 號令、行政院衛生署衛署食字第 0960409457 號令會銜修正發布全文 6 條；除第 4、5 條自九十七年一月一日施行外，自發布日施行。

中華民國九十七年五月八日財政部台財庫字第 09703503730 號令、行政院衛生署衛署食字第 0970400560 號令會銜修正發布第 2 條條文。

第一條　本標準依菸酒管理法第二十七條第一項規定訂定之。

第二條　酒類中甲醇之含量，應符合下列規定：

一、葡萄酒、白蘭地、葡萄蒸餾酒每公升（純乙醇計）含量二千毫克以下。

二、水果渣蒸餾酒、葡萄以外之其他水果釀造酒及蒸餾酒每公升（純乙醇計）含量四千毫克以下。

三、Tequila 龍舌蘭酒每公升（純乙醇計）含量三千毫克以下。

四、啤酒類、穀類釀造酒類、其他釀造酒類、威士忌、白酒、米酒、其他蒸餾酒、料理酒類、食用酒精類每公升（純乙醇計）含量一千毫克以下。

五、再製酒類中甲醇之含量，應符合所使用酒精、釀造酒或蒸餾酒等基酒之甲醇含量規定。

六、其他食用酒類每公升（純乙醇計）含量一千毫克以下。

第三條 酒類每公升中鉛之含量標準為〇‧三毫克以下。

第四條 酒類中下列添加物，應符合如下規定：

一、防腐劑：

（一）以水果為原料之酒類，每公升中己二烯酸殘留量〇‧二公克以下。

（二）酒精含量百分之十五以下之食用酒類，每公升中苯甲酸殘留量〇‧四公克以下。

二、著色劑：葉黃素殘留量以 lutein 計為每公升十毫克以下。

三、其他添加物：

（一）以水果為原料之酒類，每公升中二氧化硫殘留量〇‧四公克以下。

（二）啤酒類及以穀類為原料之酒類，每公升中二氧化硫殘留量〇‧〇三公克以下。

（三）其他食用酒類不得添加二氧化硫。

第五條 用於酒類中添加物不得有下列情形：

一、有毒或含有害人體健康之物質或異物者。

二、從未供於飲食且未經證明為無害人體健康者。

第六條 本標準除第四條、第五條自中華民國九十七年一月一日施行外，自發布日施行。

產製私菸及私酒供自用免罰之數量限制

財政部 公告

發文日期：中華民國 99 年 3 月 5 日

發文字號：台財庫字第 09903504870 號

附件：

主旨：修正「產製私菸及私酒供自用不罰之數量限制」，並自即日生效。

依據：菸酒管理法第四十六條第二項及第三項規定。

公告事項：

一、產製私菸、私酒未逾一定數量且供自用者，不罰。所稱「一定數量」如下：

（一）產製私菸之成品及半成品合計每戶五公斤。

（二）產製私酒之成品及半成品合計每戶一〇〇公升。

二、前點所稱之私酒半成品，酒精成分以容量計算未超過百分之〇‧五者不計入；酒精成分以容量計算超過百分之〇‧五且未經澄清過濾者，以數量之二分之一計算。

法令依據：菸酒管理法第 46 條。

日期文號：台財庫字第 09700373260 號函。

摘要：關於產製私菸、私酒供自用不罰之數量限制規定，建請以「戶籍門牌號碼」為計算標準乙案。

主旨：關於產製私菸、私酒供自用不罰之數量限制規定，建請以「戶籍門牌號碼」為計算標準乙案，復請查照。

內容：

一、依據 財政部交下 貴府 97 年 7 月 24 日北府財金字第 0970547794 號函辦理。

二、依菸酒管理法第 46 條第 2 項規定：「產製私菸、私酒未逾一定數量且供自用者，不罰」。

所稱「一定數量」，依財政部 93 年 7 月 1 日台財庫字第 09303509840 號公告規定如下：

（一）產製私菸之成品及半成品合計每戶 5 公斤。

（二）產製私酒之成品及半成品合計每戶 100 公升。

三、上開規定所稱之「每戶」，係按戶籍計，亦即同一戶號之戶口名簿者為一戶；實務執行上，並應依查明之個案事實對戶核實認定之。

農民或原住民依菸酒管理法第十一條規定設立之酒製造業者之酒類年產量限制

財政部 公告

主旨：公告農民或原住民依菸酒管理法第十一條規定申請酒製造業者設立之酒類年產量數量限制。

依據：菸酒管理法第十一條第一項規定。

公告事項：

一、 所謂年產量限制，因酒類之不同而有不同規定，農民或原住民依菸酒管理法第十一條規定申請酒製造業者之設立， 應使用其生產之農產原料，並以該農產原料所能產製之酒類為限，惟若生產二種以上之酒類， 各種酒類生產量須依比例減少，即各該酒類占其年產量上限之比例總合不得超過百分之一百。

二、 酒類年產量數量限額：

（一）啤酒類：六萬公升。

（二）水果釀造酒類：四萬公升。

（三）穀類釀造酒類：二萬公升。

（四）其他釀造酒類：二萬公升。

（五）蒸餾酒類：六千公升。

（六）再製酒類：六千公升。

（七）米酒類：二萬公升。

（八）料理酒類：三萬公升。

（九）其他酒類：六千公升。

（十）酒精類：不得產製。

應行標示事項

財政部 公告

發文日期：中華民國 93 年 2 月 5 日

發文字號：台財庫字第 09503510310 號

主旨：就本部 94 年 7 月 20 日台財庫字第 09403066680 號增訂酒品應標示產製批號公告予以補充，特公告之。**依據**：菸酒管理法第 33 條第 1 項第 10 款及第 4 項規定。

依據：「菸酒管理法」第 33 條第 1 項第 9 款及第 5 項規定。

一、進口之葡萄酒，其採收及產製每年僅 1 次者，所標示之年份，得視為產製批號。

二、進口之酒品無產製批號者，進口業者得於酒品販售前，就其進口之酒品自行編碼進行控管以代替產製批號。惟所編之號碼應可與每批之進口報單或進口酒類查驗申請書勾稽、查對，以利日後追溯、回收工作之進行。

三、96 年 1 月 20 日以後，進口或出廠販售未標示產製批號之酒品，應依「菸酒管理法」第 54 條罰則處罰。

財政部訂定產品名稱標示為小米酒之相關規範

為維護消費者權益，財政部於本日發布解釋令，明定製酒原料中使用小米量須達一定比例以上，方得標示為小米酒。

鑑於市售標示小米酒產品，有以糯米或其他米糧混釀小米之情形，為免消費者誤信，該令規範酒品之製酒原料，除酒麴外全為小米，且其酒麴用量未超過製酒原料之 20%（以重量計）者，方得標示為「純小米酒」或「純釀小米酒」；另製酒時使用小米及其他穀類原料混釀，其小米用量不低於製酒原料之 50%（以重量計）者，方得標示為「小米酒」。

上述標示規範將自本 (101) 年 7 月 1 日生效，屆時如於市面上查獲本規範發布後出廠或輸入販售之酒品未依新規定標示者，則將依「菸酒管理法」第 54 條規定處新臺幣 10 萬元以上 50 萬元以下罰鍰。財政部籲請國內酒業者注意遵守。

日期文號：台財庫字第 10103627750 號令

內容：

一、酒品之製酒原料，除酒麴外全為小米，且其酒麴用量未超過製酒原料之 20%（以重量計）者，方得標示為純小米酒或純釀小米酒。

二、製酒時使用小米及其他穀類原料混釀，其小米用量不低於製酒原料之 50%（以重量計）者，方得標示為小米酒。

三、酒品之包裝容器與其外包裝之標示及說明書，應依上述規定辦理。違反者，為菸酒管理法第 33 條第 4 項所稱之有不實或使人誤信之情事，依同法第 54 條規定處罰。

釀酒 2

薑酒、肉桂酒、茶酒、馬告酒、
竹釀酒，蒸餾酒與浸泡酒基礎篇

作　　者　徐茂揮・古麗麗
責任編輯　梁淑玲
攝　　影　吳金石
封面、內頁設計　葛雲

總 編 輯　林麗文
副 總 編　梁淑玲、黃佳燕
主　　編　高佩琳、賴秉薇、蕭歆儀
行銷總監　祝子慧
行銷企畫　林彥伶、朱妍靜

社　　長　郭重興
發 行 人　曾大福
出 版 者　幸福文化
發　　行　遠足文化事業股份有限公司
地　　址　231 新北市新店區民權路 108-2 號 9 樓
電　　話　（02）2218-1417
傳　　真　（02）2218-8057
郵撥帳號　19504465
戶　　名　遠足文化事業股份有限公司
印　　刷　通南彩色印刷有限公司
電　　話　（02）2265-1491
法律顧問　華洋國際專利商標事務所　蘇文生律師
初版四刷　2023 年 4 月
定　　價　420 元

國家圖書館出版品預行編目 (CIP) 資料

釀酒 2：薑酒、肉桂酒、茶酒、馬告酒、
竹釀酒，蒸餾酒與浸泡酒基礎篇 / 徐茂揮，
古麗麗著；

　-- 初版 .-- 新北市：幸福文化出版：
遠足文化發行 , 2016.06
　面；　公分 .--（滿足館 Appetite；40）
　ISBN 978-986-92248-8-8（平裝）

1. 製酒

463.81　　　　　　　105007361

幸福文化　　　書名 釀酒 2　　　書號 0HAP0040

讀者回函卡

感謝您購買本公司出版的書籍，您的建議就是幸福文化前進的原動力。請撥冗填寫此卡，我們將不定期提供您最新的出版訊息與優惠活動。您的支持與鼓勵，將使我們更加努力製作出更好的作品。

讀者資料

● 姓名：＿＿＿＿＿＿　● 性別：□男　□女　● 出生年月日：民國＿＿年＿＿月＿＿日

● E-mail：＿＿＿＿＿＿＿＿＿＿＿＿＿＿＿＿＿＿＿＿＿＿＿＿＿＿

● 地址：□□□□□＿＿＿＿＿＿＿＿＿＿＿＿＿＿＿

● 電話：＿＿＿＿＿＿＿＿　手機：＿＿＿＿＿＿＿＿　傳真：＿＿＿＿＿＿＿＿

● 職業：□學生□生產、製造□金融、商業□傳播、廣告□軍人、公務□教育、文化
□旅遊、運輸□醫療、保健□仲介、服務□自由、家管□其他

購書資料

1. 您如何購買本書？□一般書店（　　　縣市　　　書店）
　□網路書店（　　　　書店）□量販店　□郵購　□其他

2. 您從何處知道本書？□一般書店　□網路書店（　　　書店）　□量販店
　□報紙　□廣播　□電視　□朋友推薦　□其他

3. 您通常以何種方式購書（可複選）？□逛書店　□逛量販店　□網路　□郵購
　□信用卡傳真　□其他

4. 您購買本書的原因？□喜歡作者　□對內容感興趣　□工作需要　□其他

5. 您對本書的評價：（請填代號 1.非常滿意　2.滿意　3.尚可　4.待改進）
　□定價　□內容　□版面編排　□印刷　□整體評價

6. 您的閱讀習慣：□生活風格　□休閒旅遊　□健康醫療　□美容造型　□兩性
　□文史哲　□藝術　□百科　□圖鑑　□其他

7. 您最喜歡哪一類的飲食書：□食譜　□飲食文學　□美食導覽　□圖鑑
　□百科　□其他

8. 您對本書或本公司的建議：

＿＿＿＿＿＿＿＿＿＿＿＿＿＿＿＿＿＿＿＿＿＿＿＿＿＿＿＿＿＿＿＿
＿＿＿＿＿＿＿＿＿＿＿＿＿＿＿＿＿＿＿＿＿＿＿＿＿＿＿＿＿＿＿＿
＿＿＿＿＿＿＿＿＿＿＿＿＿＿＿＿＿＿＿＿＿＿＿＿＿＿＿＿＿＿＿＿
＿＿＿＿＿＿＿＿＿＿＿＿＿＿＿＿＿＿＿＿＿＿＿＿＿＿＿＿＿＿＿＿